近自然の歩み

——共生型社会の思想と技術——

近自然の歩み

―共生型社会の思想と技術―

福留脩文　著

はじめに

本書は、土木屋としての筆者が自然環境の危機に目覚め、地方の自然や文化と共生していくあり方を探った過程を書き留めたものである。筆者の祖父は高知県の田舎で片手間に道路工夫をしていて、晩年、何かの折りに表彰された記憶がある。父は満州開拓団長として中国に渡り、終戦後はその団員と全家族を引率して帰国し、幾多の事業を起した後に建設業を営んだ。その父が別に望んだわけではないが、筆者は迷いなく土木の道を選んでいた。潜在的な文系への夢を断ち切って。

筆者の二十歳前後、つまり一九六〇年代は、高知県の片田舎にも建設業の近代化の波が押し寄せ、ブルドーザーやパワーショベルの大型機械が山や川に姿を現した。土木材料の工業規格化もこの頃だったと思う。これで、台風シーズンが来るといつも恐れた河川の氾濫は防げるに違いない。車酔いのする曲がりくねった細い道は、真っ直ぐで広く快適な舗装道路となり、産業も発展して多くの観光客も来るだろう。そして、高知県の経済も潤おうに違いない。山河に分け入り、大木を切り倒して、大量の土砂を動かした。

戦後の復興期を経て高度経済成長を遂げたわが国に、いま本格的な自然再生や循環型社会の構築を目指す時代が到来している。国際的には一九七〇年代から始まっているが、そうした具体的な先進事例に筆者が触れたのは、一九八六年にスイスを訪れたときであった。思いがけないことだった。あの牧歌的で美しい国づくりをしたスイスの人たちが、これまでは自然に対する配慮が足らなかったのだと、川や森また農村に生き物の棲みかを再生する工事をしていた。過疎の山岳地域や都市、またはその近郊においても経済的な発展と生態系との調和が求められていた。

そのとき以後一〇年間、筆者は年数回の頻度でスイスを訪れ、こうした先進事例を調査し続けた。感動の連続であった。何よりも、美しいことの尊さ。自然も、農村も、そして都市も、すべて小さな生命を育もうとするたたずまいが。「近自然」という思想と技術を、二一世紀の人類が、いや我々日本人がいままさに自得せねばならないと思った。筆者は、日本国内の誰彼となくスイスの取り組みを紹介した。一九九〇年には、当時の建設省から「多自然型川づくり」の通達が全国に流された。

そうした中で一九九七年から六年間、(財)建設物価調査会が発行する公会計のための受検情報誌「会計検査資料」にこれらのことを紹介する機会を得た。後半は、編集担当者の増田元氏から「共生型社会の思想と技術」をテーマに「ご自分の意思でいつまでも」と言っていただいた。本書はその原稿の後半三年分を、信山社サイテックの協力を得て再編集したものである。同社の四戸孝治氏からは「多くの人たちが原点を求めているから」と強力に出版を勧めていただいた。こうしたご支援がなければ、この書は日の目を見ることはなかったであろう。改めて御礼申し上げると同時に、土木屋の独り言が世の何らかのお役に立つのであれば、これに過ぎる喜びはない。

二〇〇四年七月

福留　脩文

目次

二、先人たちの技に学ぶ

一、近自然の道程——道を拓いた人々

――スイスでの近自然との出合い――

一九八六年四月一一日、到着した朝のクローテン空港は雪が舞っていた。機内の窓からその下界を眺めつつ、二度目になるスイス入国の準備を始めた私は、この先一週間も設定された長い研修が少々気がかりだった。一九七四年に〝環境と地域開発のあり方を探るシンクタンクづくり〟を目指し独立していた私には、このテーマに関するスイスでの情報は皆無に近く、スイス在住の弟が言う「土木と環境の関わりを考えるなら、一度、スイスを見よ」との脅迫的なまでの誘いに戸惑っていた。ヨーロッパに来るのであれば、もっと別の国も見たい。何も全日程をスイスに限ることはないではないか、という考えがあった。

しかし、迎えの車でチューリッヒ市内に向かう二〇分ほどの間に、私は道路沿線の風景がすでに強烈なメッセージを送ってくれていることにふと気づいていた。これからの一週間、思いがけない成果があるかもしれない。スイスの土木は、どこかが違う。

「何かある。雪に隠れても、この道端の木立ちの風情。一見、無秩序だが、これは自然の林縁がもつ感覚なんだ。そうだ、ここには生態学がある」

この予感は的中していた。間もなく私は、何時しか忘れかけていた日本の里山がもっていた原風景の温もりを、はからずもこの異国の土地で見ることになる。我々はこれまで公園や庭園すら、草木の種類まで欧米様式の模倣をする側面があった。

研修の前半は、スイスの『都市と地方』について専門家から解説を受け、市内や近郊を巡った。その三日ほどの間に、冬の曇り空は明るい小春日和に一転した。すると、行く先々の私たちの前で、白銀の世界はたちまち地表から消え去り、その下から鮮やかな新緑の草木が一斉に姿を現した。最初に直感していた、人の手による自然復元への試みをはっきり読み取れたのはその時だった。街路樹の下や建物の境界、また広場や駐車場などに、土地の在来種と思われる草や低高木が一見無造作に、そしてそれらが点から線につながるよう植栽されている。まさに自然の林縁部のようで、昆虫をはじめ哺乳類や鳥類にも生活の場を提供していることが想像できた。

この鮮やかな景観が移ろうシーンは、最初に私が従来の〝土木工学〟とは異なる〝土木生態学の思想〟が存在することを直感し、そして確信していく過程であり、やがて登場してくる各種の〝近自然〟というコンセプトの、一貫して土台となるイメージである。

森や草原または河川や湖沼で、林縁や水辺のような自然の境界領域は生態学的に異なる複数の環境が入り組み、そこは常に消長を繰り返し、非直線的で不明瞭かつ繊細である。そして、双方の生態系にとってベーシックなミクロな生きものたちの生息空間である。我々はこれまで、この領域をブルドーザーで押し開き、ある時にはコンクリートで固く閉ざした。ここを修復することが〝近自然工法〟のまず重要な役割である。

研修前半の三日間はあっという間に過ぎた。そして、後半は私の研修に最もふさわしい二人の人物に会わせる、という弟の設定したスケジュールが待っている。

四月一五日、チューリッヒ州建設局、地域計画部長クラウス・ハークマン氏。ここでスイスの地域計画、とくに行政機構について講義を受ける。〝これがあのスイスデモクラシーか〟と、初めて垣間見たヨーロッパのすごさに感嘆したことは記憶にまだ新しいが、その組織機構に〝河川保護・建設課〟という部署があった。当時の私には、〝土木建設〟が目指すべき〝自然保護〟の理念はあっても、具体の世界ではまだ対立概念だった。この課にその後、愛媛県からの市民グループが尋ねるクリスチャン・ゲルディ氏がいた。スイスで最初に近自然河川工法を始めた人である。私はこのとき、まだ会っていない。

四月一六日、チューリッヒ山岳協会事務局長アルフレッド・ゲルバー氏。スイスで一五〇年以上も過疎化が進んだ農山村で、長年現地でその実態を調査し、またその振興に直接携わってきた人物である。この地方では、これまでの地域開発の功罪を一〇年の歳月をかけ研究した結果、既に従来の経済開発路線からコミュニティの能力開発を基調とする路線に転じており、当時はちょうどそれを実施に移す一〇ヵ年計画の折り返し点であった。そして、過去の歴史からすると、まさに奇跡のような人口増の傾向が出ていた。

残雪の山間部を案内されるなか私は、彼の作業ノートに私の求める『地域開発』の概念の具体例を数多く見ていた。なかでも驚いたのは、地域計画の要素を三つのシステムで表現していたことである。従来の土地利用および社会経済のシステムに、地域の気候や地理、土壌や水、そして植物や動物で構成され

スイスの農村風景

る地域自然システムが加わっている。新たな土地利用や社会経済計画も地域自然システムの持続発展を前提とし、さらに過去の負のインパクトも軽減する思想が具体的に示されている。森や小川、防風林だけでなく、これまで集約的に使ってきた農地、集落の生け垣にまで事例が及んでいる。この山岳地域開発ノートには、〝近自然農村地方〟という言葉が、その重要な基本コンセプトとして登場していた。（〝近自然〟という訳語が出るのは、この一年ほど後のことである。）

振り返れば、このスイス研修の前半は、自然の時間・空間が変化する情景に触発され、自分の心象の世界と課題が結合した印象的な日々だったが、後半はその抽象をさらに具体の世界に増幅させる機会が待っていた。初めに予感した『何か』は、世界に先駆け自然と人間が共生することを願った、この国の人々の優れた思想と技術だったのだろうか。

―造り酒屋の亀さん―

日本の近自然河川を語るには、愛媛県五十崎町の造り酒屋、〝亀さん〟こと亀岡徹さんをまず紹介しなければならない。

私たちは一九八五年の夏、それぞれの思いで市民主体の河川シンポジウムを開いている。高知では八月一日から七日まで、地元を流れる河川景観のここ数十年の変化を写真展で紹介し、仙台の広瀬川を例に、市民参加による川の再生のあり方を議論した。愛媛では九月一四日、愛媛大学の水野信彦教授が、生き物の視点から川の瀬と淵の重要さを基調講

河川敷のこの大木を残すことから近自然運動が始まった。
白衣の人が亀岡さん

演で訴え、これを保全する護岸工事は可能だと、当時には極めて新鮮な提案をされ、いまある川の原風景をどのように後世に残すかを議論していた。

洪水から住民の生命や財産を守るためとはいえ、小鮒を釣ったふるさとの川が、コンクリートの水路に変貌することに多くの人達がやりきれない思いをしていた。そうした声は全国的にも高まっていた時代で、行政もこれに応え、市民が水辺に近づき易い階段護岸や、魚やホタルがすめる改良型コンクリートブロック護岸が登場した。

振り返れば、川と人との付き合いは、「自然からの恵みと恐怖」を人間が『科学と技術』の力で管理する時代から、やがて『人間も自然の一部』であるという自覚に立った『共生』という新しい思想の時代へ向かい、新たな技術の登場する時機は熟していた。

明くる一九八六年、生態学を基礎におく土木の思想と技術が、スイスで具体的に展開しているのを私は現実に知る。一方、国内の先賢を訪ねていた亀さんは、信州大学の桜井善雄教授から、ドイツで生の植物を河川工事に使っているという情報を得る。そこで亀さんは、狩人が獲物を追うように素早い行動に出る。このとき、彼は地元の河川工事にストップをかけており、従来の護岸改修工法に変わる新しい提案に迫られていた。

「スイスに行けば、何か情報がつかめるかも知れない。弟さんにその辺を探ってもらえないか。

仲間を集め、すぐ行く」

私は前回、チューリッヒ州建設局の組織機構に見た〝河川保護・建設課〟にそれがあるのではと、その折に弟の縁で通訳してもらった山脇正俊氏に数回の手紙のやり取りで亀さん一行の案内を依頼した。そして、亀さんは一直線に、スイスで川の近自然を目指した最初の人であるクリスチャン・ゲルディィ氏に出会う。

「このひとこそ理論を実践に移せる人だ」と直感した亀さんは、一九八七年、八八年とゲルディィ氏のもとへさらに多くの人たちを送り込んだ。八八年には運命的な出会いの人、関正和氏もその中にいた。その上で、八八年秋にゲルディィ氏本人を五十崎町に呼んだ。

そうした動きのなかで、亀さんの地元では河川の改修工事が再開。河岸や川中に石を組み、草やヤナギを生長させ、それで水の流れを蘇生させる近自然の思想が試行された。ときに護岸に使う石が調達できないとなると、『住民一人が石一個を持ち寄る運動』を展開する。そのなかには漬物石もあったという。

その傍ら、亀さんはこの運動を国の確固とした施策に位置付けるため、頻繁に上京しては建設省の門をくぐる。「商売のついでに立ち寄った」と言っているが、真実はそれよりまさに執念だろう。ときには、「このひと」と思う人が登庁する前の明け方から役所の玄関で待ち伏せした。

「夜討ち、朝駆けは、商売の常道じゃけん」とうそぶく。

「私は、愛媛の五十崎町、まちづくりシンポの会の世話人です。人々が何となく集まる、非常に曖昧模糊とした捉え所のない、いかがわしい会です」

「闇に向かって手裏剣を放つ、といったことが得意で、運動というより群れをなし、ゴソゴソと蠢いている会の世話人です」

「私たちは川に取り組むうちに、一つのことを学びました。世界中、さまざまな川があります。それらの川の個性もさることながら、最も個性があるのは人間です。私たちはいつも、そこに関わっている人たちに出会うのです」

「町の人たちが健康であれば、川も健康。町の人たちが病んでいれば、川はいつも病んでおるようです」

「私たちにとって川は、つづまるところ人間ではなかろうか、と気づきました」

その亀さんの話を熱心に受けとめてくれた一人に、当時、建設省から(財)リバーフロント整備センターに出向されていた関正和氏がおられた。私も亀さんに同行し、時々お会いした。また、私は別に何度か本省でも近自然工法の説明を求められた。

私がお会いした当時のこうした方々から得た感触では、国のほうでも既に多くの人達が、これまでの治水または利水一辺倒のやり方から河川行政のあり方を大きく転換すべく、工法や制度面などで新たな研究が真剣に行われていたようである。そして、地方自治体のなかにも、そうした人達もいたことが後になって段々とわかってくる。

しかし、急に自然環境の保全や復元を河川事業で目指すとなれば、さまざまな立場からの疑問や反対がおこるのは当然である。まして、ヨーロッパの技術はそのまま日本では通用しないという、どこでもすぐ出る反論にもきちんと説明しなければならない。関さんは私に、ヨーロッパの近自然工法の概念と具体技術を整理し、それと並び、日本全国の伝統工法の調査もともにできる限り現地の実態を踏査し報告するよう命じられた。それも二年間でまとめるようにと。

そして、一九九〇年一一月六日、建設省から全国に『多自然型川づくり』の通達が発表される。亀さんと私は、その以前から近自然工法を正しく全国に広げるため、ゲルディ氏の協力を得て『国際水辺環境フォーラム』を企画し、九一年から九四年にかけ日本列島縦断を実行しながら、九五年はスイス、ドイツで開催した。その間、北海道や愛知県で、今日でも日本の代表作である現場が出現。喝采。

しかし、良いことばかりでなく、九五年一月一四日、私は九州の河川を巡る途上で関さんの訃報に接する。九州地方建設局の方々と無念の黙祷を捧げる。

――遊び人の金さん――

スイスで開発された近自然工法の情報は、わが国の環境問題に意識ある人たちの間に意外と早く広がっていった。愛媛県五十崎町の市民運動が、スイスからその河川での専門家クリスチャン・ゲルディ氏を日本に招いて講演会を催し、この内容をいち早くマスコミが取り上げたことが、その大きなきっかけとなったことに違いはない。そして、いろいろな分野の学会や団体がこれを評価し、その機関誌でも論評が全国に紹介された。私の投稿したいくつかの小論文にも、多くの市民活動家や自然保護団体などから熱い関心が寄せられた。なかには、現実に河川改修を担当している公務員の人達もいた。

一九八九年八月二四日、北海道庁土木部のN氏（現職のため）が一枚の川の写真を持ち、私の高知の事務所にやって来た。写真には、直線形に改修された堤防が写されていたが、その中を流れる普段の川は緩やかに蛇行し、岸辺は草に覆われていた。

「北海道に二〇人ぐらい川の遊び仲間がいる。皆で近自然工法の勉強会をしたい。来てくれないか。ただし、金はない」

と言うのであるが、実はここから五年連続の『国際水辺フォーラム』が出発する。なお、遊び人の公務員〝ノムさん〟を含め、詳しくは次項で紹介する。

一九九〇年五月二一日の私の日誌に、「豊田市役所のK氏来訪」(彼も現職公務員)という記録がある。彼も後の日本の近自然工法をリードした一人で、私は〝遊び人の金さん〟と呼んでいる。その来訪に先だち、受けた電話はこうである。

「豊田市を流れる一級河川矢作川をこれからどう整備していくか、国、県、豊田市、それに利水や漁業などの関係団体が集って『矢作川環境整備検討委員会』が発足する。自分はその事務局長に選任されたが、僕は休みはいつも矢作川で過ごしているおり、環境整備とは一体何か、悩んでいた」

「そうした折り、先般、淡水魚保護協会の機関誌『淡水魚保護』に投稿されていた福留さんの『近自然工法の報告』を読んだ。自分は土木屋だから、土木の立場から河川の生物保護に迫るやり方に共鳴した。ついては一度、直接お話を伺いたい」

彼はやって来た。そして、「近自然工法は、まず生態系の底辺を生きるモノたちの環境から再生していく」という、最初の説明のところで彼はもう了解してしまった。相手の言葉を理解するのは理性だけでなく、時に感性でもあるが、それは言葉の裏に双方の共通する体験と、そのときの認識があってのことだろう。帰り際には、建設省から『多自然型川づくり』の通達が、間もなく全国に出されるという情報を持って、金さんは嬉々として帰途についた。後から聞いた話では、彼は帰りの飛行機の中で、涙が出そうになるのを必死にこらえたそうである。この年の一一月六日、その通達が全国に届いている。

翌九一年二月、官民が協力して新しい川づくりの方向を探ろうとする、当時全国でも先進的な委員会が発足し、私は顧問として参加することになった。この発会式で豊田市の市長にお会いした折り、私はこの土木事業に関わる委員会の事務局長に、「なぜ、市の環境部自然保護課のK氏を選任したか」、理由を聞いた。

「豊田市は環境共生型のまちづくりを目指している。矢作川はそのシンボルだから市民や関係者の意見をよく聞かなければならない。それで人選は、川、とくに矢作川をよく知り、市井のことにもよく通じ、なおかつ土木技術を修得している者を、と指示した」

「何人かの候補はあったが、『K君は休みになると矢作川に船を浮かべ、一日中でも釣りをし、豊田の挙母祭りの日には山車を引く若衆頭、役所では本来は土木が専門職の男』という情報が入り、彼が適任と判断した。川を愛しとる人間は、悪いことはせん」

ということであった。

休みになると家を空け、釣りに興じていた遊び人の金さんが、突然このようにして間もなく時代を変える重要な会議の事務局長の座に釣り上げられたのである。そして、市の方の勧めもあり、私はこの委員会の幹事会メンバー一一名を近自然の本場、スイス・ドイツへ案内した。一五日間の視察だったが、大きなインパクトになったようである。帰国後、金さんは地元の中日新聞のインタビューに答えている。

「近自然は、スイスやドイツだからできたのとはわけが違う。担当者が一所懸命考え、何度も現地を観察し、住民と議論してやってきたのだ。我々に、『外国だからできた』という逃げはきかない」

「矢作川を抱える豊田市は、この理念を実現する地理的条件に恵まれている。もし市民が真の豊かさを望めば、国や県と違い小回りが効くだけに、一部で始められないことはない」

「我々は、市民が望んだとき対応していけるよう情報収集と技術の確立を図り、こうした理念があることを啓蒙し続けたい」

言葉に嘘はなかった。愛知県豊田土木事務所は、この視察が終った直後、豊田市扶桑町の矢作川本流で本格的な近自然工法での改修を実施した。直接の担当は、スイス・ドイツに同行した土木事務所の主査だった。周辺に住むお年寄り達は、工事の結果が段々見えてくると昔の記憶が蘇ってきたという。私がその現場に行ったのは試験施工が完成した九二年の春だったが、日本の一級河川に初めて登場した近自然の水辺は、地域の人達とともに輝いていた。すべて地元関係者の人達の感性と技術が結集された賜物である。

この後、豊田市では周辺の住民の人達との対話を基本とし、矢作川ばかりでなく、農村部の小川や川沿いの遊歩道などにもそのコンセプトを広げ、さらに極めつけは、市民主体の方式で街中に二ヘクタールの新しい森林公園を造成する、といったことまでやってのけた。市長が示唆した『市井に通じる男』の演

多くの人に親しまれる矢作川
ここでは地域住民が維持管理を分担している。

じた役割は、市民が身の回りの環境問題を自身で考え、行政がその施策を具体的に実行することで、まちに共同社会（コミュニティ）が復活するということにつながっている。さわやかな人間たちのドラマである。

――国際フォーラム――

「我われスイス連邦チューリッヒ州建設局河川保護建設部と日本の近自然河川工法に賛同する多くの専門家たちとの間で、一九八六年夏以来の友好関係をさらに深めたい。また、日欧の近自然工法に関する専門知識をもっと交換したいという永年の願いは、この度、多くの方々のご尽力により、より広い分野から流域全般の近自然をテーマにしたシンポジウムの形で、今回、ついに日本の北海道において実現されました」

これは、一九九一年一〇月二日から同七日にかけ、北海道は穂別町、黒松内町、札幌市を会場に五年連続開催した国際水辺環境フォーラムの幕開けを記念して、スイスのクリスチャン・ゲルディ氏が述べられた言葉である。

一九八六年に『近自然』という概念に出会って以来、愛媛の亀さんと私は「これをもっと広く正しく我が国に普及したい」と考えていた。その後、亀さんの発案で一九八八年にゲルディ氏を五十崎町に迎え、四国で四度の講演をしてもらったが、この内容を再編し、ゲルディ氏と私が加筆して『近自然河川工法』という本を共著で発行した。そして、この売り上げを基金に、「日欧の技術交流を五年継続して行おう」という計画が三人の間で話し合われた。本を売る自信は全くなかったが、事業に挑戦しないわけにはいかなかった。しかし、当時、その方面に全く経験のない私には、事業に対するアイディアは「単なる一過性のイベントにしない」という目標は掲げても、その具体策は何も湧いてこなかった。

そうしたなかで一九九一年一〇月、第一回国際水辺環境フォーラムと題して、北海道を舞台に約一週間にわたる日欧の技術者交流が実現した。企画から実現までに三ヵ年を要したのは、徹頭徹尾〝技術者による技術者のためのフォーラム〟を開催することにこだわったためであった。〝開発か自然保護か〟という政治や行政、または特定団体の立場が入らない〝純技術論〟をやりたかったわけである。当時、地方ではまだ意味不明の近自然工法をテーマに官民一体で、とくに官側が共催という形でオープンに議論できる状況というのは、そう簡単にできなかったのである。

そうした折り、前に紹介した北海道庁土木部の遊び人の〝ノムさん〟が登場する。「二〇人ぐらいの近自然を勉強したい遊び仲間がいる」と変わったことを言うのである。職業は公務員をはじめ、コンサルタントや建設材料メーカーなどに勤める土木技術者を中心にした集りである。

「招待する金はないが、その代わり、北海道に入ってからの経費は一切負担する」という条件で、一九八九年一〇月二二日から一週間、私は北海道入りした。小人数ではあれ、異業職種の官民がこのテーマで志を同じく一堂に会するというのは、このときが私にとって初めてであった。さらに驚いたことに、札幌市郊外のオカバルシ川という砂防河川に、近自然河川工法として工事が実際に施工されていた。

私は、この〝ノムさん〟のグループと第一回国際水辺環境フォーラムを北海道で開催することにした。主催は、純技術論を望む個人の立場での技術者集団とした。形式や建て前が表に出ると、肝心の技術論が打ち消される可能性があるからである。しかし、共催や後援を呼びかける公共の機関や団体からは、当時のことでそう簡単に理解が得られず、多くの人たちが参加しやすい体制を整えるまでに二年も要してしまった。今でこそ、『川づくりは官民が力を合わせて』という時代であるが、つい先ごろまでは、民が口を出せる世界ではなかったのである。そういう意味で、この遊び人の〝ノムさん〟は、一つ時代を先に行っていたといえる。こういう集まりはリーダーは勿論、メンバーにも一本筋が通っていないと、際どい社交の世界に入っていく。私は、五年間の国際フォーラムシリーズのスタートをこのグループに賭けた。

事前の予測では、参加者は地元中心で六〇人程度と読んでいたが、マスコミなどで段々と情報が伝わり、会期間中南は九州や沖縄からの参加もあり、延べの参加人数は一〇〇〇人近くになった。そして、このときの自由な交流の輪の中から、一九九二年から九四年に開催する日本国内のメイン会場がほぼ決定された。

ヨーロッパからの参加者も当初二、三人の計画であったが、結果的に土木の専門家二人と、景観、動物生態学、林学そして哲学の各専門分野から各一人、計六人の参加となった。出身国も、スイス・ドイツ・リヒテンシュタインの三ヶ国からである。彼らは、近自然工法に限らず、こうした問題をこれくらい異なる専門家と議論するのは常識である。さらに、立場や主義の異なる人たちとも議論を避けない。私は日本の国情から、このフォーラムで政治的な話題を避けたいと思ったが、彼らは意見は意見ではっきり発言する。ただし、そこには議論のルールやマナーがきっちりと存在する。彼らにすれば、考え方が異なるから議論が必要で、同質の者同士が集ろうとしたり、腹芸で相手を納得

1994年9月26日国際水辺環境フォーラムin内子にて

させる日本人は、どうも理解できないようである。普段からその訓練がなされていない日本人は、国際フォーラムといいながら、外からの意見に何時の間にか国粋的な態度や発言が出ている。

たくさんの教訓を残して北海道の一週間はあっという間に過ぎ去り、ヨーロッパから参加されたパネラーの方々は謝金を一切固辞され日本をあとにした。これ以後の国際フォーラムシリーズも、基本的にはこの図書の売り上げ基金をベースに、ボランティアを主体とした北海道方式、正確には〝ノムさん〟方式で運営された。

一九九二年度は一〇月二日に熊本市、五日に兵庫県西宮市、そして七日には愛知県豊田市において、九三年度は一〇月四・五日に高知市、国内最後の九四年度は、九月二六・二七日に愛媛県内子町、続いて九月三〇日から一〇月二日にかけて沖縄県の那覇市と名護市でと、四年間で日本列島を縦断した。最終回の九五年度は一〇月一五日から二八日にかけ、スイスはチューリッヒ、ドイツではミュンヘンを会場に、日本から約六〇人の参加を得て五年の国際フォーラムシリーズを終えた。

——九州は旅の一座から——

前項で、生態学と土木工学が一緒になった、新しい時代の思想と技術を全国に普及したいと一九九一年を皮切りに、五年間の国際水辺フォーラムを開くきっかけを紹介した。そのまだ構想段階に、実は国の方でも現場からその改革を進めようとする動きがあった。

一九八九年、官庁では年度変わりの人事異動が行われていた時期、私は(財)リバーフロント整備センターから一本の電話を受けた。

「今度、自分は九州（建設省九州地方建設局）へ行くことになった。そこで新しい川づくりを始めようと思う。ところで君に頼みがある。いずれ時代は確実に変わるが、いまいきなり現場から変えていくのは無理がある。まず人づくりだ。近自然工法の考え方と基本的な技術のあり方を、地元生え抜きの人達との間で議論してもらいたい。事務所長クラスや自分たちは、異動でまた九州を出なければいけない」

後の河川局長を務められ、現在(財)リバーフロント整備センター理事長の松田芳夫さんである。

私はこの年の一〇月一七日、その松田さんの要請で福岡に出向いた。この時は、建設省九州管内の事務所長クラスの集まりだったと記憶している。しかし、私は近自然工法をどのように説明したのか、いまその記憶は一向に残っていない。多分、かなりの緊張で、支離滅裂な話になったと思う。後日談になるが、ある人から、「当時、今度着任した河川部長は頭が少しおかしいのではないか、といううわさが流れた」と聞かされた。ひとえに私の責任である。

それでも、明くる一九九〇年一月七日、今度は鹿児島の桜島を臨む大隈工事事務所で、現場を直接担当する人達に説明する機会が与えられた。この時の様子は、今でも部屋の間取りまではっきり覚えている。しかし、講演の済んだ後、私は松田さんに一本のビデオを見せられた。それは桜島の野尻川の記録で、凄まじい勢いで段波をなして流下する土石流の状態が映されていた。最高時速は七〇キロに達しているという。その時の松田さん曰く、

「福留君、このような川はどうするんだい」

これには私も、「松田さん、随分人が悪いな」と思ったが、私はその一〇年後、長野県の砂防工事でこれにチャレンジすることになる。そして、そこでも松田さんに再会した。

この桜島会議を第一回として、以後、建設省九州管内の各工事事務所を順々と巡り、これからの川づくりを語り議論する旅が始まった。そして間もなく、この年の一一月六日、全国に『多自

然型川づくり』の通達が発表された。川づくりは確実に新しい時代に入ったのである。

やがて松田さんが九州を去られると、改めて九州地建で地元生え抜きの熱心な人達が中心になり、今度は現場施工を目指した研修会が九州管内随所で繰り返し行われた。九州は日本の台風銀座と呼ばれる地方で、毎年各地で災害が発生しており、中途半端な妥協は許されない。研修会で移動する旅の途中、いかに実施するかの議論が深夜まで及ぶことはまれではなかった。そして、九州の多自然型川づくりは近自然工法の理論どおり、まず生態ピラミッドの基礎である藻類や水生昆虫の生育する水辺の環境を再生するため、水制という伝統的な河川工法を研究しようということになった。これは、河岸から河心に突堤状の石出しや杭出しを設けるもので、高水時に流水を阻害することなく、岸寄りの流れを緩やかにして堤防を守るものである。この水制は、それと同時に流向や流速に変化をつけ、藻類や水生昆虫にとって重要な土砂や砂礫質によってなる多様な河床・河岸の環境をつくりだすものである。まだ全国に近自然や多自然の考え方が普及していない時期に、この水制のはたらきや実績を実務担当者に説明することは、治水上も生態学的にも最も効果があった。

折りしも、一九九五年に九州地方を襲った異常気象やそれに続く台風が、日本の三大急流河川と呼ばれる球磨川に大きな災害をもたらせた。河口から七三キロ上流右岸の梅木地区では、護岸前面の河床が著しく洗掘され、その護岸基礎より三メートルほども深く設けていた二トンの根固めコンクリートブロックも散乱した。これの改修には、散乱した二トンブロックを元の根固め部に戻し、これが再び被災しないよう長さ二〇～二五メートル、高さ七・五メートルの巨大な護岸水制を設置した。その後は、これで堤防の安全が守られると同時に、水制頭部周辺に水深約四メートルの淵が形成され、魚類の生息場所を提供している。

その梅木地区の対岸、すぐ下流の平良地区の護岸もこの年に被災している。被災前はフトン籠の段積み護岸であったが、その前面河床が洗掘されて籠の基礎部が損壊した。しかし、上部構造は無傷で残されていたこともあり下部構造だけを補強することになった。当時の九州地方建設局八代工事事務所の副所長が、現場で私に問い掛けてこられた。

「こういうときの多自然型はどのような方法があるのか」

「籠には籠とすれば、蛇籠鞍掛け水制という伝統工法があるんですが」

「それでいこう」

「いや、これは近年に実績がなく、いきなりこの急流でやるのは無理だと思います」

「今は、昔なかった材料や建設機械がある。これらで補強しながらやろう」

「せっかく、今、新しい川づくりが始まっています。最初に無理したくないんですが」

「福留さん、少々の冒険ばせんと、世の中変わらんたい。責任は自分が持つからやろう」

大和・奈良時代以来の工法といわれる（真田秀吉、日本水制工論）この蛇籠鞍掛け水制を、フトン籠へ鉄筋で串刺しにして施工したこの現場は、完成した時には、本当に日本古来の工法であることを証明するように、優美な姿を見せた。そして、その後は水制の効果があって護岸前面部に徐々に土砂が堆積し、今日、十分に治水のはたらきをなしている。

球磨川平良地区、蛇籠鞍掛け水制（1996年施工）

二、先人たちの技に学ぶ ― 伝統工法と近自然

——伝統技術への畏敬——

土木や建築に石材が使われることは、人類の歴史が始まって以来営々と続いてきたことである。世界各地にこうした石の文化が発達し、地方によっては数千年の歳月を耐え、今日までその遺構をとどめている。古くは、紀元前四〇〇〇~三〇〇〇年にスカンジナビア半島からイベリア半島に発達した巨石墓文化や、同時期に建築されたマルタ島の巨石神殿などが知られるが（私はまだこれらに直接接していない）、ローマ時代に石材を使って築かれた神殿や競技場、城壁や水道橋などの遺構は、ヨーロッパ各地に見ることができる。

わが国でもとくに近年、縄文時代の早期にまで遡る最古級で大規模な集落遺跡が次々と発見されているが、日本独特の大規模な石組み技術が発達するのは、戦国時代末期から江戸時代にかけての城石垣や河川工事においてと思われる。洋の東西を問わず、それらの構築様式は地方や時代によって異なり、また変化するが、そこに工夫された構築技術には、いずれにしても驚嘆せざるを得ない何かがあるようである。

今、手元に一冊の古いノートがある。それは、私が高知県の仁淀川で一九七〇年度の河川災害復旧工事に携わった時の工事記録簿である。この工事は漏水などを防止する護岸の補強工事で、施工延長が非常に長かったが、護岸の法覆い工には割石を現場で加工して築く間知石空積み工法が設計されていた。コンクリート間知ブロックが、全国的に汎用される直前の時期であった。約三ヶ月の冬場の突貫工事に、約一〇人の腕利きの石工職人が集まった。それに手元作業員四～六人がついて、横一線に並んで一斉に割石を組み上げていく。壮観であった。その古いノートには毎日の作業の進捗状況が記され、そして何よりもあまりにも鮮やかな、ある男の記録が刻印されている。

石積みの作業は年を明け、お屠蘇気分がまだ少し残っている一月一一日から開始。石工達の棟梁である栗畑（仮名、以下同様）や横矢らの据えた間知石の数は、初めは七〇個程から始まり、やがて八〇個から九〇個へ、そして最盛期にはこの栗畑と横矢が一〇〇個以上を据えた日は三〇回近くに達し、他の一団よりも常に三〇個から四〇個多く、圧倒的な差をつけていた。栗畑は、この石積み護岸工が終わる三月一七日までに、一二〇個を二日記録している。そうした記録の中に、二月九日から三月一五日にかけて杉田という名前が登場してくる。そして、すべて半日と記録されている。彼が牛乳配達のトラックを運転し、現場事務所に入ってきたときから、この私の中のドラマは始まる。

痩身の杉田は胸を病んでいたのだろうか、ときおり
「ゴホ、ゴホ」

と咳き込みながら、

「この現場で、一人でも多くの石工職人が必要と聞いた。自分の父は、建設省の直営時代、石工として国に大変お世話になった。恩返しがしたいので自分を使って欲しい。賃金はいくらでもよい。ただし、午前中は別の仕事があり、午後半日しか来れない」

私は今でもその折りの男の一語一句、その物腰風情をはっきりと覚えている。透明感が私を捉えて、杉田に来てもらうことにした。

翌日の午後、牛乳会社のトラックでやってきた彼は、まず初日の仕事で五四個。そしてその二日後からは六二、六三、六七個と伸ばし、七〇個以上を八回も記録した。ときおり、私は彼の健康状態を案じた。

現場に搬入される石材は角錐形状の粗割石で、石工職人はそれらの一個々々を玄翁などで叩い

高知城石段／袖石側面

て間知石に成形し、面の長辺を縦に約四五度傾けて石を据え、二個の石材の上端で谷を作りながら一段を仕上げ、その上段に今度は反対側に約四五度傾け、下段の谷に合わせて一個々々の間知石を加工して落し込む。その下段の谷を見て、そこに据える間知石を加工する技術が熟練工の腕の見せ所でもある。栗畑や横矢、そして特にこの杉田のその技のあざやかなこと。無駄のない動きは、見る者だれをも惚れ惚れとさせた。杉田がこの現場に来て間もなくのころ、黙々と作業する彼の手元を驚嘆の目で追っていた他の職人達の姿を、私は今でもはっきりと覚えている。

この石積み作業の工程がすべて終わる二日前、杉田は

「自分の役割は本日で終わった。この仕事に参加でき、本当に感謝に耐えない」

と、始めて会った時と同じ口調と物腰で挨拶に来た。私は、明後日の打ち上げの酒宴には必ず来るようにと繰り返し念を押したが、彼は来なかった。その後、私は彼に一度も会っていないし、また土木の現場で彼の情報を聞くこともなかった。

時代はめぐって、いま最先端技術を駆使し、大型建設工事を遂行する日本の土木技術は世界でも高く評価されている。しかし、いままた一方で自然の生態系を保護し、また失わせた自然環境を復元する技術が土木にも求められている。自然との接点は、最後は手作りで仕上げることになるのではないだろうか。

――東海豪雨に耐えた矢作川水制――

二〇〇〇年九月東海豪雨のさなか、私は長野県から九州に移動し、さらに三重県へと河川の現場を渡り歩いていた。その間ずっと、私はテレビや新聞が報じる、愛知県を中心とする東海地方の惨状に心を奪われていた。そして、とうとう最も恐れていた情報が入った。『矢作川流域氾濫』、『豊田市の市街地が浸水』。豊田市古鼠地区には、伝統工法の水制による、わが国初の本格的な近自然河川工法の現場がある。今回の高水に、どれだけ耐えられるだろうか。やがて高水が引いた後、「水制が大破した」という情報が入った。

それから二ヶ月後、私は現地に立った。毎年多くの行楽客を楽しませてきた、緑豊かな水制のある河岸、河畔林は、枝葉を洪水に引きちぎられて荒土と化し、頭上には所どころ折れた枝がぶら下がり、水際近くには根こそぎ倒されたヤナギの木。凄まじい洪水の痕跡を前にして、私は思わず息を呑んだ。そして川床の方では、全部で八基あった水制のうち上流側二基が、水中に没している頭部のほうでガタガタになっているのが目に入る。しかし、振り返ると、それから下流側の水制はどうやら無事のようである。

ガタガタに見えた水制二基の方に近づいてみると、それぞれの沖の河床が大きく洗掘され、そこへ頭部の石材が落ち込んだ状態であった。また、胴部の石材はそれによって大小の緩みを生じているが、流失してはいない。根部のほうの石材は、これはしっかりと河岸に定着している。この一応の観察を終えたとき、私は大きな感動に包まれた。私の脳裏に、江戸時代に編纂された治水事業の教えが髣髴と浮かんだのである。

「川の流れは出水のたびごとに変化するもので、現時点での流れにとらわれ、川水の強く当たる箇所に堰や堤防を丈夫に築いたり、流れの状態を考慮せずみだりに水制を築いてもあとで災いの元になる」（日本農書全集／『川除仕様書』から要約）

2000年の東海豪雨に耐えた矢作川水制

「第一に、洪水のとき、水が強くあたる地点を見極めること。このような所は水制を多く設置し、流れを整えるべきである。水制を少し長くし、上流向けて築くようにする。このような所は、水制も堤防も年々破損するもので、毎年、上置や腹付をして少しずつ延ばし、様子をうかがって長い水制にすれば、次第に中州を押し流し、そのうちに川筋が良くなるものである」(日本農書全集／「治河要録」から要約)

「水制頭部への水あたりが強く、場合によってそこから破損しても、水制本体が保持されている間は堤防に被害はない。水制が破損するということは、工事が悪いために起こることもあるが、設置場所が適切であったということである」(同)

この矢作川の水制は本書で紹介しているが、わが国の多自然型川づくりを先駆けた先見的な事例で、わが国の伝統的な工法を再現させたものである。それは愛知県豊田土木事務所の手で果敢に施工されたもので、スイスの近自然工法の思想と技術を背景に、アメリカの水制実験に関する文献を翻訳して参考とし、地元の高齢者の意見を聞きながら出来上がった。

その構造的な特徴は極めてシンプルで、上流側の水制は、水中部は当時の河床形状のままに大小の石材を噛み合わすような投げ込み方式とし、脚部を河岸に貫入させて固定している。その次の下流側の水制は、水中で河床形状のまま石材を組むのは同じであるが、ほぼサイコロ状の石材を石張り様式で組み、脚部は河岸に貫入させている。そのシンプルな構造が、実は日本の伝統工法の考え方や施工法とも合致していた。さらに伝書からそのことを紹介する。

「石積みの出しは外見にとらわれず、所定の場所に大石からどんどん投入する。石と石が噛み合うように積み、ほぼ計画どおりできたところで形を整える。見苦しい積み方になっているところは積み直す。水流の当たるところは大石の長形のものを積み込み、よく洪水に耐えるように築くのがよい」(同上『川除仕様帳』から要約)

因みに私は国内で近自然河川工法を紹介し始めたころ、「ヨーロッパで発達した河川工法を、そのままでは日本で使えない」という意見をよく聞かされた。私が紹介した事例の多くは、スイスで施工された水制だったが、実はそれらは日本古来の水制よりも剛構造である場合が多かった。それでも、「日本では通用しない」とよく言われた。

「水制の先端部は出水で壊れることもある」を前提にした日本の伝統工法より、私はスイス方式をもっと強化して国内に推薦していた。それには二つの理由がある。一つは、かつて治水のため川のダイナミズムを抑え込んだが、これを再び生態学的に活性化するには、その水流や河床に可能な範囲で多様な変化を起させる必要があり、多くの場合不透過のしっかりした水制が有効である。そのため私は、水中施工でも重機で水制頭部の河床を深く掘削し、そこから大石を築き上げてきた。とは言え、一方で私自身も上記の日本伝統工法に一抹の不安があったのは否定できない。しかし、愛知県の矢作川ではこの伝統的な方式で施工し、これが二〇〇〇年の東海豪雨に遭遇したわけである。

ところで、その水制背後の河岸を改めて見直してみると、そこにかつて、一〇年程前に初めて矢作川を訪れたときの河岸がはっきりと見て取れた。まぎれもない私の記憶に残るこの河岸の昔の風景であった。最近はここに少し土砂も堆積し、緑の草地も発達して、やわらかい雰囲気となっていたが、今回の出水でこれらが洗われ、かつての河岸が姿を見せた。矢作川の水制は、先端頭部が変形を受けつつも、河岸をしっかりと護っていたのである。

後日私は、変形した水制二基の補修工事に立ち会う機会を得た。現場にいた県の職員の一人が、ぼそりと私につぶやいた。「矢作川のこの現場は、私たち愛知県土木の心の支えです」。私はすかさず応えた。「いやいや、日本中の仲間の心の支えです」。

――砂防と近自然――

二〇〇一年の三月末、一九九六年から私が関わった長野県の砂防、鳥居川での多自然型災害復旧工事は完了した。当初、私はこのプロジェクトに参加するのを躊躇した。河川と砂防では、扱う対象が違う。後者は単位体積重量が一立方メートル当たり二トン近い泥流や、数トンから時に数十トンの巨石を含む土石流を扱う。この強烈な印象は、一九八九年に桜島砂防で既に植え付けられていた（本書で紹介）。鳥居川の現場でも、河床に数トン級の巨石がごろごろしていた。私には未経験分野である。しかし、後へは引けない。国・県の指導、コンサルとの協力体制を約して、私もこれに参加した。

鳥居川はその源を戸隠高原の越水ヶ原に発し、長野市北部四カ町村を貫流して千曲川に注ぐ、延長約三五キロ、流域面積一六二・四平方キロの河川である。普段は比較的災害の少ない河川であるが、一九九五年七月の梅雨前線豪雨で濁流が護岸を破壊し、この鳥居川が田畑や民家に過去に例のない大災害をもたらせた。

この災害復旧工事での最大の課題は、土石流の外力に耐え自然環境を保全する工法を開発することで、従来工法を見直し新たな改善点があれば、逐次実施すると決まった。そして一九九七年一月の第一回検討会で、これまで河道を平滑に均した改修工法を改め、澪筋の蛇行と瀬と淵を保全し、水深の浅い入り江状水際を保全する目標が確認された。その対策として、従来は流路工と呼ばれた、幾何学的なコンクリートの護岸と床固めの構造、および河床を平坦に突き均す機械土工の工法を見直すことになった。

目標に対し、誰も異論はない。課題は、これを実現する技術である。私は河川での経験から、それらの施設を河床の転石で構築するよう提案した。結果はすべて実現したが、勿論、河川の工法そのままでは許されない。護岸は直線の石垣より安定度が高く、高水時でも前面に淀みを保つアーチ曲面を一部に導入し、隅角の上流側は土石流の直撃を避ける線形構造とした。また水制は天端高を河床面とし、頭部へ現地で最大級の巨石を配置して土石流の直撃を避け、自然に近い澪筋蛇行と淵を意図的に形成した。

問題は、床固めだった。河床に落差のある横断施設を入れて渓流の勾配を緩くし、変動の激しい河床を安定させる工法である。その落差が大きいと、上下流に生物圏が遮断される。そこで環境対策として、従来はこの直壁構造に魚道を設けるか、もしくはコンクリート階段式の全面魚道、またはコンクリートの斜路に植石するなどの工法が用いられた。しかしこれらは特定の魚種が利用できても、多様な生き物や景観に対する配慮は十分でない。私は渓流で岩や転石が作っている天然の落差構造を、野石で組むことを考えた。当然、それは大きな外力を凌がねばならない。

一九七〇年頃までのスイスやドイツの河川では、この落差構造には主として直壁型が用いられたが、それ以降は自然石を使った斜路形式や、巨石で小アーチダム群を組み合わせたような多段プール形式へと発展している。私は、砂防でこれを応用しようとした。しかし、自然の岩盤や巨岩がその骨組みになっている天然落差ならいざ知らず、転石を組んで縦断的にある間隔で河床を塞き止め、その上流にプールを形成するこの構造では、ここに発生する高水や土石流に持ちこたえられるはずがない。コンクリートを使う以外に、方法は本当にないのだろうか。

この命題は、一年ほど、寝ても覚めても私の脳裏から離れなかった。全国各地の渓流をことある毎に歩き、自然の岩組みを飽かず観察した。そしてそこから模擬的に石組みの構造をデザインしてみたが、それらはどれも土木屋として納得できなかった。そうした折り、当時、中学三年生だった私の娘がふとした会話から、「父さん、川の石はこうやって安定してるよ」と、理科の教科書に解説された『川底の石の図』を見せてくれた。「川底を転がる石は流れに逆らわず、上流側を低くして留まる」、という自然の法則である。

これまでそうした写真や解説に接したことはあったが、大きな巨石の移動と安定の姿にまで、観察が及んでいなかった。私は慌てて、もう一度自然の渓流を見直した。すると今度は渓床で、岩や転石また玉石など、大小さまざまな石礫が整然と重なり合い、安定した秩序で堆積するようすがはっきりと読めた。その上、その噛み合わせ構造は、野石を使った日本の伝統的な高石垣の構築様式に共通している。ここで初めて、私は納得できる野石組み床固め工をデザインできた。

その基本的な構造は、頂点を上流に向けた石組み半円アーチを、斜路とした床固めの河床に埋め込んでいくものである。〝力石〟としての巨石を半円下流側の二支点と頂部一箇所の三箇所に据え、その間にアーチリングの〝輪石〟を配置する。

鳥居川の床固め工で施工した石組みアーチ

そしてすべての石材は長径の胴を上流側に向け、その先端部を河床より下に下げ、高水や土石の流れに抵抗しないよう、逆にこれを安定方向に使う構造とした。これで巨石の直下流に流速ゼロのポイントができ、輪石部の流速は早くなりその下流に深みを形成できる。

この床固め方式を鳥居川で実施する前に、私は九州の菊池川や本明川などの急流河川で試験施工を行う機会を得た。そして数回の改善を加え、本番に臨んだ。一般河川とは全く異質な砂防河川でも、その生態環境を保全する目標は、ミクロな生き物の生息空間を連続して作り出すことに変わりはない。ここで目指した構築物は、その形状において上流からの外力を受け流し、その下流側に小さな連続する『淀み空間』を保つ構造だった。

これらの工法を検討するため、二〇〇一年三月までに一〇回の公式委員会が、またそれに呼応し地元建設業協会主催の『現場技術講習会』も頻繁に開かれた。こうした官民の積極的な協力により、このプロジェクトは河川や砂防の工法に何らかの成果を残したと思われる。

―伝統工法―

立とうとして立てず、コンクリートの川岸に残された指の跡を、私は今でも思い起すことができる。親方が死んだ直接の原因は、自宅の前に架かる橋から冬の川に落ち、氷のような水が、弱っていた心臓を止めたことだった。戦時中は海軍に属したという堂々たる体躯の持ち主で、水に溺れて死ぬような男でなかった。せめて傍らに掴むものでもあれば、浅い水の中で立ち上がれたろうに。私は彼の元で、一九六五〜七〇年頃にかけて多くの土木の現場に携わった。

思えば当時の建設業界は、日本の高度経済成長の陰で、国土の基盤整備を担っていたが、その体質や現場の環境は非近代的で、その改革が大きな課題であった。現場サイドから見ても、現場監督や職人の経験と勘が、工事の進捗を大きく左右した時代から、建設機械の大型化や建設資材の規格化といった近代化が進み、工法の標準化や科学的な施工管理の技術が導入されつつあった。彼の親方は主にその前者の時代を生き、当時の私はそれを体感しつつ、これから近代化を進めようとする新人類だった。

実は冒頭から、自分の履歴を述べる筈でなかったが、ふと昔を思い出し筆が滑ってしまった。土木工事における近代化は、とくに河川の現場に大きな変革をもたらせた。かつての自然素材を駆使する多様な伝統工法は、瞬く間に全国一律の標準工法に取って替えられた。コンクリート主体の構造物は、厳密な施工管理がなされ、新進気鋭の私も設計図面と現場をチェックし、「±一・五センチ」の許容限界を厳しく管理した。そして、時にその厳しさは「一銭、二銭は芸者の花よ」と笑いの種にもなった。

『芸者の花』とは『芸者へ渡す祝儀』のことである。つまり、「一銭、二銭の祝儀をけちる男はもてないよ」という意味で、それに『一センチ、二センチ』を掛けたわけだ。河川はつい先頃まで、河岸が崩されると法先に杭を打ち、法面は河成りに粗朶や蛇籠を敷設し、または野石を積んで補修してきたのである。その技術が、土木の近代化で不要となった。今にして思えば、『花』は自分たちの技術を誇る物言いでもあったろうが、まるで走行車を流す道路感覚で、河川を水路化していることへの揶揄だったかも知れない。

そういう時代が三十数年過ぎて、今また昔の工法を見直す時代がやって来た。水辺に石を置き、杭を打ち、流れを蛇行させ、岸辺に草むらを育てる。人の心に余裕ができたこともあるが、我々は余りにも周りから自然を失ってしまった。しかし、そのため、かつての伝統工法を何でも使うわけではない。人間の生命や財産と同時に、水辺の生き物たちの生活環境を護るシステムが必要である。自然に順応する伝統工法は、優れた治水の効果を発揮するが、それは川固有の特性と工法の機能が一致したときである。

私たちは、昔の人たちが伝統工法を開発し、発展させてきた過程を理解しなければならない。例えば、先に『東海豪雨に耐えた矢作川水制』の章でも紹介したように、私は川を生態的に活性化させるため、これまで不透過のしっかりした水制を推薦してきたが、これはそこの水流や河床の動きを活発化させる目的である。実は、これはかつての伝統工法の普遍的な考え方に、逆行するものであった。

真田秀吉先生は、一九三二年に『日本水制工論』を著され、それまでの日本の伝統工法を総括されている。

「水制は水流に対して一つの障害を造り、それで河床と河岸を保護する一方法であり、流水を激させるのが目的でない。ところが現在、材料や工法が革新され、施工が容易となり、往々にして強固なものを造り、却って出水で壊されるのを見るは誠に残念である」

「水を激動させないよう、柔らかく抵抗させ、または数多の柔式水制をなるべく透過工として、低位に築設することが肝要である」

「水制の高さは、水流を緩和し、かつ沈殿を促す程度に止める。高水位が高くない川に高水制を配すべきでない」

この水制論こそ、我国古来の治水法の真髄だろうと思うが、生態的な観点からもまた、川ごとまたは川の地点に応じ、これらを考察すべきだろう。また石づくりの剛水制を用いる荒川は、これと別の見方をしているのは当然である。ここで強調すべきことは、治水だけの目的なら、杭出し水制で十分効果を発揮する川に、何でもかんでも石出しを設けるのは、過剰投資となるだけでなく、時に意に反する結果を招くことである。

前に紹介した長野県の鳥居川渓流砂防で試行した水制は、現地発生の転石を全て河床面下で組み、従って高水の通水断面を全く狭めることなく、平

鳥居川で施工した河床高水制

常時の澪筋の蛇行と瀬と淵を少しでも再現し、水深の浅い入り江状水際を保全することができた。そこに至る経緯は、全くの偶然だった。

「平常時の渓流環境を復元するために、水制を用いたいがどうだろうか」

「実は、河積断面に全く余裕がないのですが」

「では、計画河床から下に設置すれば、問題はないのですね」

これで、話は決まった。呉呂太と呼ばれる球状の転石を、この急流河川へ安定して組み込むため、私は現場で一日作業をしなければならなかった。とくに水制頭部には、現地で最大級の巨石をしっかりと固定した。この巨石のポイントが澪筋を誘導し、その先に瀬と淵を作らせているのである。

この河床から下に施設を埋設する発想は、その後、思いがけない方向に発展していく。北海道は江差の近く、建設中の上ノ国ダム工事現場から、「ダム直下の減勢工下流に近自然工法を導入したい」、という話が舞い込んだ。ここで、河川構造物は帯工と水制工だけ、それらを全て素掘りの河床と河岸に埋設する、という工法が採用されていく。

ふと思ったが、親方が今の私を見れば、何というだろうか。

——上ノ国ダム——

二〇〇〇年四月二〇日正午前、私の乗った青森発、函館行きの列車は、津軽海峡の海底を走っていた。これを遡る三十数年前、一九六六年の暮れに、私はこの海峡を連絡船で渡っている。戦後の復興期から高度経済成長期にかけては、わが国の歴史上まさに激動の時代と呼ばれるにふさわしい。その絶頂期に向かう時期、私は大学を卒業した。あれはその直前、年の瀬も押し迫る厳寒の津軽海峡だった。爾来三十数年、日本の建設事業も経済基盤開発から環境対応型へ、まさに激動と変革の時代であった。建設に二十数年を費やした青函トンネルは、そうした時代の変換期でも、男のロマンを掻き立てるに十分な事業だった。

このトンネルを私が最初に利用したのは、一九九一年一〇月、札幌を中心に近自然工法の第一回国際水辺フォーラムを開催したときである。無事に任務を終えたその帰路は、スイスのC・ゲルディ氏の希望で、鉄路この青函トンネルを選ぶことになった。スイスの山岳トンネル工法は、世界のトップ水準を誇る。その山岳トンネルと同じ方法で掘削された、世界最長のこのトンネルのことを、土木技術者のC・ゲルディ氏は既に調べていた。多忙な中で集めた情報と、あとの行動判断の確かさは、彼のプロ意識の高さを示すものである。

色んな思いは重なるが、列車は何事もなく、一瞬でトンネルを駆け抜ける。函館駅で、第一回国際水辺フォーラムを支えた遊び人の公務員、〝ノムさん〟（本書で紹介）が私を待っている。数ヶ月前、私はこのノムさんから電話をもらった。彼はフォーラムの少し後、現場をしばらく離れていたが、最近、やっと土木の現場に復帰していた。

「今回、上ノ国ダム建設事務所に赴任します。江差の近くです。間もなく完成するダムですが、近自然でやっておくべきことが沢山あります」

「ダムで、何ができるんですか」

「現場に来れば、沢山見えてきます。一度、来てみませんか」

函館は、四回目だった。五稜郭や明治から昭和の日本近代史が街の随所に残り、懐かしげな雰囲気の魅力的な町だ。駅には、ノムさんと彼の函館の仲間が待っていた。車で二時間ほどの上ノ国へ直行する前に、この町の近代化遺産に私を案内する計らいである。土地の自然は勿論、そこに発展した文化や文明は、そこに住む人たち共有の履歴であり、財産である。しかし、この数十年、私たちは多くの個性ある地方の景観を失った。確かに美しかった日本。青森から函館に至る風景は、いつしか私の心象風景になっている。

初めて訪れた上ノ国は、日本海からの風がことのほか厳しく、この時期でも冬の北国を痛く実感した。しかし、ここでは、これから土木の現場が待つ。

上ノ国ダムは、天野川水系目名川の桧山郡上ノ国町に建設途上で、高さ五一・三メートル、総貯水容量三七三万立法メートルの重力式コンクリート構造の多目的ダムである。完成後は、洪水調節、灌漑用水・水道水の供給などの効果が期待されている。一方、ダムの周辺整備も一九九四年度に『基本計画』が立案され、その後、有効利用計画も兼ねて上ノ国町で検討が行われているという。

ノムさんは、その周辺整備事業で、ダム直下から目名川までの取付河川と、その河岸側面の立地

上ノ国ダムと目名川の取付河川予定地

環境に着目した。ここは、先の『基本計画』では、河岸造成法面を緑化して森を早期に復元し、ダム本体との景観の調和を図るべきゾーンとしていた。町の方も、このエリアを人々のレクリエーションの場に活用する案は示していない。だからこそ、「この河道を近自然で整備しよう」と彼は言う。「森と接する水辺、瀬や淵のある河床。これを流水自らが形成し維持することを基本に、最小限の河岸・河床の防護装置を施したい」と。

四月二一日は現場視察の後、ダム工事に直接関わる道庁、コンサルタント、建設業者の各職員が集まり、近自然工法の概念や具体例を検証した上で、上ノ国ダムの周辺整備について意見交換が行われた。近自然工法の最近の国内事例は、私からこの前年度に実施した長野県鳥居川の災害復旧事業を紹介した。意見交換の部では、ノムさんの提言に対する質問が出て、その回答がこの会を締めくくった。

「すぐ下流に砂防堰堤があり、魚が上れない。またここまで上れても、この大きなダムがある。人も余り入らない場所に、近自然工法が何の役に立つのでしょうか」

「水辺で生活するのは、何も魚だけじゃない。昆虫や鳥、また熊などもいる。ここは、人が余り入らなければさらに良い。これからは、自然と人間の住み分けが大事です」

この研修会で、ノムさんの提案する「川自らの力で、自然の機能を回復させる装置」として、鳥居川方式の水制と落差工を応用することが決定した。そしてコンサルタントのドーコンがそれに基づいて六月一四日に『実施設計書』を、それを基に大林・鴻池特定共同企業体が七月一日に『施工計画書』をそれぞれ作成。そして、いよいよメイン工法の現場施工初日が、七月二五、二六日と決定した。

この工法の特徴は、河岸法面を保護する護岸を設けず、河床低下と河岸過洗掘を防ぐ目的の帯工と水制工だけを整備し、そして、その構造物はすべて計画河床面から下に設けるということである。この二種類の装置で流れの蛇行を許容範囲に演出し、それで平常時の澪筋とその流路上に瀬と淵を作らせ、水辺・河岸も許容範囲の侵食と堆積を受け入れる目論見である。材料はすべて、ダム工事に使った砕石の残材を用いることにした。

実はこの計画に先立ち、私は一つの実験をお願いしておいた。帯工の構造である。長野県鳥居川の渓流砂防で施工した分散型床固め工は、さらにもっと厳しい土石流の砂防で耐性試験を行う話が進んでいる。これを想定して、石組み構造を造らせていただきたいと。当日の現場実行部隊には、共同企業体から精鋭の技能熟練工が指名されていた。私にとっては、最高の舞台が整ったわけである。

―プロフェッショナルたち―

完成間近の上ノ国ダム直下に、この日の朝、一〇〇人ほどの工事関係者が集まった。その中から、直接この日の工事に携わる、大林・鴻池特別企業体から選別された施工部隊は、予め企業体により作成されていた計画書に則り、点呼を終え、作業上の注意点を再確認して減勢工脇に降り立った。全員のヘルメットには、無線のイヤホンが装着されている。二五トンの油圧クレーンが、石材を吊ってゆっくりと旋回し始めた。いよいよ開始である。

今回の施工には、別ルートで企画されている、火山砂防での近自然型床固め構造を試作する目論見もあった。それは、一九九九年八月に施工した、長野県鳥居川の渓流砂防床固め工を発展させるものでもある。それらの過程は前号までにも述べている。

この鳥居川で実施が決まった際も、やはり別ルートの協力を得ていくつかの実験段階を踏んだ。その年の二月、当時の建設省菊池川工事事務所の直轄河川で、初めてその試作を行っている。この時の事務所長は、約一〇年前、九州地建で近自然工法を普及し始めた頃、直接ご指導いただいた担当官だった。当初、砂防事業からということで、桜島を共に視察した日が懐かしい。相談すると、即刻、快諾された。こうした人間関係は、決してどれもこれも先を読んで謀るものでなく、不思議な縁と言うしかない。

その後、東北でも機会を得て、いくつか試作し改良を加えた。鳥居川の本番に備えた最終的な構造は、九州でも災害の多い長崎県の本明川、やはり国の直轄区間で試験施工が許可された。当時の諫早出張所長の判断である。この本明川での施工要領を基本に、八月、鳥居川で河床の転石だけで組んだ床固め護床工を完成させた。

ところが、この鳥居川を済ませほっとした直後、長崎県に豪雨があり、本明川で洪水が氾濫して、河川構造物にも多くの被害が出たとの情報が入った。

「本明川の高水敷が洗掘され、多自然型の水制が流失するなどの被害が出ました。一度見てほしい」

「すぐ行きます。が、少しお訊ねしたい。私が施工した、水制型護岸や落差工はどのような状況でしょうか」

「それは流されておりません」

被災に遭った河川敷は、やはり洪水の凄まじさを物語っていた。水辺に緑陰を落としていた柳などの樹木は引きちぎられ、市民の憩いの場であった河畔の高水敷は、至る所で表土が剥ぎ取られている。この川を愛しみつつも、一方で恐れを抱く地元の人たちの、複雑な心境が伝わってくる。やがて、鳥居川床固めのモデルとして施工した、アーチ石組みの場所にたどり着いた私は、三個の力石は残存するものの、その間に打ち込んでおいた数個の輪石に異常があったことを見出した。跡形もない。建設省の人は「下に潜ったのじゃないか」と言われる。しかし、私は「流失してしまった」と考えた。

この現実に接する直前、既に施工していた鳥居川の床固め護床工は、アーチの単位構造を支える三個の力石は、洗掘倒壊を防ぐ目的で根石を入れた二段構造としたが、輪石部はそこまでしなくてもと、一段配列とした。しかし、本明川の現実を目の前にして、これから先の外力の大きい河川では、できる限りこれに備えることにしようと考えた。そうした折り、巨礫混じりの土石流が発生する火山砂防で、これを試そうという話が持ち上がった。それとほぼ同時に、この上ノ国ダム直下で近自然工法施工の誘いを受けたわけである。

さて、上ノ国ダム。ここでは護床工の全断面を河床から一メートル掘り下げ、根石を大小大小と波状で平面アーチ状に配置した。その中央部、三個の根石の谷間に、この現場で最大級の力石を据え付ける。巨石の大面を下流に向け、小面の尻を上流側へ潜るように設定し、これを固定するのに、大小の栗石をそれらの空隙に打ち込む。これを〝主〟とし、その左右にそれより低く同等の巨石を〝副〟・〝従〟と、同様の要領で据え付けていく。その三個の力石がしっかり座ると、その役石間に輪石を連結し、楔を打って、これらの胴部や裏側に栗石を入念に飼い込んで全体を締める。

これらの作業は、いつも一定のリズムがある。石材個々の安定は、外力も含めた全体の力学的な均衡を求め、大きさや形状また重心の位置を選んで対応する。同時に石材同士の接合は、合端の噛み合い状態を確認し、境界の目地は水平方向にも縦方向にも波状とする。その各石材を支持するよう飼い石を打ち、胴込や裏込の栗石で構造全体を締める。

初め、じっと私の説明を聞いていた企業体の精鋭部隊は、やがて水を得た魚のように、各部署に配して的確な動きに入っていった。まずとび職の金沢さん。ちょっと渋みがかった良い男で、

目名川に完成した近自然落差工

移動する石との間合いに無駄がなく、抜群の反射神経と繊細さをもつ。陽気なオペレーターの竹ちゃんは、油圧パワーを巧みに操作し、巨石を行くべき場所にきちっとはめる。自ら小道具を扱い、全体構造をチェックするうち、すっかり手業の妙に魅入られた山下名人。陰で力持ちの金蔵さんや、本職の松之助さんたち。

そこで、今回最大の課題、大きな外力をこの空石組みでどう処理するか。基本的にはこれまでと少しも変わらない。外力を正面から受け止めるのでなく、これを受け流し、その衝撃を分散して吸収する石組みとする。ここでは、主・副・従の各力石を、上下流側双方から複数の保護石、いわば弁慶石で保護することにした。山下名人に、その話をする。

「上流側の配石は、衝撃が役石にもろにかからぬよう。また下流側は、役石にかかる衝撃を、複数の弁慶で受けて支えるよう」

工事の途中から、私は現場で直接あれこれ指示する必要がなくなっていた。最後の工程は、考え方だけを説明している。いつか、私は気付いていた。当たり前だが、彼らはプロ集団なんだと。現場では、山下名人たちがもう仕上げの作業に入ろうとしていた。

——赤城山サンデンフォレスト——

造成工事のほぼ完成した、静かな池の水面に、時折、大小の波紋が広がる。鴨の親子が、岸近く水中の草むらで餌をあさっている。小鴨は生まれたばかりか、動きがまだぎこちない。大きなオニヤンマが、目の前をすっと飛び去っていく。じっと見守る工事関係者の中で、誰かがつぶやいた。「何とも、心和みますね」。

赤城山麓でいま、近自然工法を応用した、わが国初の工場敷地造成工事が進んでいる。六三ヘクタールの敷地規模である。番の鴨が営巣した池は、谷の沢を大きく削って造成した洪水調節池であるが、従来型の単なる掘り込み式ではなく、水深の浅場や深みを作り、斜面に起伏をつけ、野生の植物や動物が自然に入り易い環境を整備している。

この三年半前、一九九八年四月二二日、私は東京都台東区にあるサンデン㈱のオフィスを訪ねた。同社は一九四三年創業で、コンデンサーなど自転車用発電ランプの製造で起業し、石油暖房機、カーエアコン用コンプレッサーなど数々のヒット製品を世に出し、高い技術力を基礎に今日の世界的な地位を築いている。その間、とくに環境分野に貢献した技術は内外で高く評価され、一九九二年にわが国で資源エネルギー庁長官賞、一九九六年には米国環境保護庁から『オゾン層保護貢献賞』を受けている。

その開発担当会社、赤城フィールド㈱重役の堀越氏が、どこかに戸惑いがある表情を隠さず、私に言う。

「実は、群馬の伊勢崎にある当社工場を、赤城山麓の粕川村、系列会社の所有する土地に移転することになり、いま関係官庁への開発申請も最終段階となっている。しかし、この時期に来て、会社のトップがこの敷地計画を『根本的に見直す』と言いだした」

「六二ヘクタールの土地開発、我々は当初から自然との調和を目指してきた。工場敷地の造成はかつての畜産団地や牧草地を中心に、周りの森林は極力残すという風に。しかし、牛久保社長が招いたC・W・ニコル氏がその森に来て、『これは森でない、木の畑だ』と言った」

「では、どうすれば良いか。ニコル氏は、『近自然の考えで、計画全体を見直すのがよい』と言われる。すると、これまでの計画はどうなるか。貴殿に検討して欲しい」

牛久保氏とニコル氏は、共に自然を愛する登山家。私は、二人の会話は理解できた。が、尚、疑問が残った。民間事業で、しかも計画、調整、開発申請と、既にこれまで随分と手間をかけてきた様子。今更この計画を生態環境の視点から見直し、根本的に修正するのは到底無理。私はこの日、近自然工法の概要だけ紹介し、そして、これ切りだろうと思っていた。ところが、翌月の五月一四日、今度は赤城の現地で話し合いたい、と誘われた。

現地に立って、初めてその広さを体感した。東京ドームのほぼ一四倍と言う。眼下に関東平野が一望できる。敷地中央は、広大な面積を牧草地が占め、一部に倒壊しかけた旧鶏舎が見える。その縁辺に数軒の民家と畑地、それらを件の林地がぐるっと取り巻いている。その林縁は様々な潅木・高木の樹種で覆われているが、中に一歩入ると、手入れされず放置された杉の植林で、まさに〝木の畑〟である。この中を流れる沢に沿って歩いて

赤城山麓の工場予定敷地の一部

も、生き物の気配すら感じない。北側の沢に来ると、その一部にやっと広葉樹の森が残されている。そうした土地にいま、新しい工場建設のプランが描かれているわけである。

そこで改めてこの造成計画を見直すと、その基本概念は概ね次の通りである。工場施設の中心は、馬の背状の中央部大斜面にコンクリートの高擁壁を数段築き、切土と盛土でこれを雛壇状に平に均す。その区域は三五ヘクタールで、ここに工場を始め道路施設や福利厚生施設を配置予定。その周りに残地森林一二ヘクタール、造成森林五ヘクタール、それに高さ一五メートルの堰堤を擁する約五ヘクタールの防災調節池が取り囲むというもの。

大した計画である。しかし、その中で生態環境の視点から問題を探ると、凡そ次のことがあげられる。まず敷地周りに残す林地の過半は、集約的な人工林というのが現状で、なお宅盤を配する中心部は無機的な構造で仕切られ、さらに南北に通る二つの沢は高堰堤がその上下流を分断する。これでは、土地全体に生態的な自然要素の発展する余地がない。もしこの根本的なことを改善できれば、そのとき初めて近自然工法の出番はある。利益優先の民間企業に、どこまでそれが許容できるのか。規模が大きい分、半端な妥協では済まない。この後、一年半続いた関係者間の意見交換は、時に熾烈を極めた。当然、サンデン内部でも、そうだったろう。

そして、一九九九年一一月四、五日、『実行を前提』の詰めを図る第一回協議会が開催され、サンデン側から当計画に対し、企業としての新しい基本方針が発表された。

「残地森林は間伐を進め、土地の自然植生に近い森に転換していく」

「工場の予定敷地は極力減らさず、総延長一キロのコンクリート高擁壁は、全てビオトープの曲面をもつ盛土形式に変更し、法面は周囲の緑地に連続するよう植栽する」

「洪水調節池の高さ一五メートルの堰堤は、コンクリートでなく石積み形式にしてもよい。また、調節池の斜面上部は、単に法面保護の草地でなく、ビオトープの森として造成する」

「そのため、一億から二億円、予算を別途に計上する」


この基本方針により、当敷地計画に近自然工法の導入が可能となった。続く一一月一八日、第二回協議会でその基本設計を詰め、翌一二月一〇日、第三回協議会で全体の実施設計が完成した。そして、明くる二〇〇〇年二月二一日、これに対しゼネコン大手五社が見積り提出。鹿島建設㈱と地元の佐田建設㈱の共同企業体が落札した。因みに、この入札は、設計変更前の原案と最終設計との二通りに見積りがなされた。そして何れのゼネコンも、原案より近自然工法を採用した最終設計の方が、一〇から二〇パーセント安い積算となっていた。

具体的な工法については、次号に紹介する。

――土佐積み――

一九九九年の一一月一八日から一二月一〇日の間に、新サンデン工場の敷地造成コンセプトが成立した。元計画の工場配置を始め、道路や水路、緑地や調節池などを、生態学的な環境復元や人間居住空間の立場から見直し、それらにアプローチする実施設計と工法が決定された。その基本方針は前号で紹介している。決定された実施設計の概要は以下の通りである。

一、まず、敷地全体を冬の北風から守るデザインとする。とくに宅盤の造成工法は、直線直立型の無機的な雛壇様式を、土堤の緩斜面様式に変更し、斜面は造成森林とする。谷や敷地周りの残地森林は、土地在来の潜在植生を回復し、四季を感じる空間を創出する。

二、宅盤や道路の、線形または法面に、自然地形が有する緩やかな起伏を導入し、生態学的な環境を多様化させ、見た目にも柔らかい景観を創出する。

三、調節池の高さ十数メートルにおよぶダムは、単なる修景とは異なる生態学的な改善を試み、サンデンの森のシンボルとして、企業のアイデンティティを示す。

四、調節池の水域はトンボや鳥などの楽園に、また計画高水の水位から上の斜面は、種子吹き付けによる法面保護草地に替え、周囲の森林計画の概念を導入する。

五、工事は終っても、自然の遷移に終りはない。人間と自然の共生を目指す当事業の全過程を記録し保存して、工事完成後もそれらの持続的な発展を助ける事業を継続する。

以上の結果は、当初計画に比べ、工場宅盤の面積を若干犠牲にしたが、敷地全体に森林面積は増大させ、質的にも自然に近い緑地を回復または再生することになった。明けて二〇〇〇年一月、群馬県より調節池斜面への植林を、工場立地に伴い整備すべき造成森林として認可するという通知が届けられた。そして三月、いよいよ本工事に着工した。

ところで、近自然工法が理想的に実行できるには、現地で自然素材の建設材料をうまく調達できることが必須条件である。幸い、石材は大石、中小石から一〇〇トンを越す巨岩まで、この現場内から豊富に調達できた。これらは関東地方の火山活動が活発な時代に、火山灰とともに赤城山麓に堆積した火山岩塊や火山弾と呼ばれる火山砕屑岩である。また、密植されたスギの人工林からは、多くの間伐材を切り出すことができた。

そのため本工事に際し、構造施設または自然復元施設の目的や規模に応じ、多様な材料を使い分ける工法が可能となった。例えば、ロックフィルダム案もあった貯水池堰堤は、貴重な沢を極力残すコンクリートダムとし、周辺環境との生態学的な分断を回復する火山岩塊石垣を本体に布設する。また急崖斜面への取り付け水路は、擁壁に緑化ブロックを用いて、その法頭や法尻にビオトープの中小石を配置し、修景的にもデザインする。それに付帯する遊歩道の路側は、間伐材と生ハンノキの植物護岸工法とする、などである。

その中の一つ、高さ一五メートルの貯水池堰堤をどうするか。議論は随分あったが、これを小規模化できないと決まった時点で、私はダムを近代文明のコンクリートで象徴し、取り付け部に赤城山麓の自然〝立地〟を物語る火山砕屑岩で象徴したいと思った。

「地域生態系の空間単位は〝立地〟や〝エコトープ〟と呼ばれ、その地方の地域的気候と地理的状況に規定され、生態系の発展や生産性また安定性を決定する重要な概念です」

「将来の工場ランドスケープ、サンデンの森は、赤城山麓の立地を象徴する火山砕屑岩の景観を出発点とし、生態系の歴史を持続発展させる思想として表現できないだろうか」

「その火山砕屑岩を表現する方法は多様です。ダムの取り付け部には、溶岩流や土石流が堆積する崖状のオブジェを築きませんか。〝土佐積み〟の石垣が応用できます」

土留め石積工法に、〝崩れ積み〟と称される手法がある。古くは七〇〇年以上前にも使われたようで、明治時代以降は関西を中心に広がったという。力学的に極めて安定した構造で、石の表情を巧みに引き出すのが特徴。〝土佐積み〟はその一種、とくに〝法返し〟が個性的で、高知県下には沢山の事例があり、道路や河川などにも使われている。

私のかかわった事例でも、最近では屋久島や大雪山の登山道整備に、この土佐積みを応用している。自然の地形や岩組みをこの石積技術で再現し、それを基盤に自然に近い歩道を組むわけである。空隙も自在にでき、ビオトープ形成にも都合がよい。これらは土佐の石工職人が常に関わり、サンデンの敷地造成にもこの職人軍団が登場する。

月日の経つのは早いもので、この工事も二〇〇二年春の完成を目指し最終段階に入った。造成された斜面や調節池の底に、巨石や大石が点

洪水調節池ダムと土佐積み

在している。現場で発生した火山砕屑岩を配置したものである。二〇〇一年の夏、鴨の親子がその近くに営巣した。この新しい工場敷地を、いま不動産として評価する報告書が出されている。一部を要約して紹介する。

「評価対象地は地勢等自然的条件でハンディキャップを有し、土地利用面で平坦都市部の工場敷地と比較すると見劣りする」

「環境は緑地を多く取り入れ、自然との共生を重視した二一世紀型の、新感覚型の工場である」

また施工担当の鹿島建設㈱関東支店から、次のような所見も寄せられている。

「このように環境を重視することで、結果的に売上が増え生産性が向上するに伴い、さらに格付評価のアップと株価上昇が期待でき、経済効果は大きいと思料する」

「ポストモダン主義に走ったバブル時代の華美な建築のように、収益還元法から必ずしも収益増に繋がらない建物は、原価主義によりその全コストをみて高く評価すべきでない。しかし、これと環境のためにコストをかけることを、同一視すべきではない」

銀行融資や税制のあり方を含めて、持続発展可能な新しい社会経済システムを構築する在りようが見えている。

――台湾の川で――

いま、関西国際空港のロビー。間もなく、台北に向け出発する。台湾政府からの要請は、二〇〇一年からこれで三度目である。最初のときは、二〇〇二年の五月、近自然河川工法の概念と、日本での取り組みを紹介することだった。二度目は二〇〇二年の五月、山岳地方での登山道整備のあり方について、近年のわが国の動きを紹介した。そして今回は、二〇〇一年の河川情報に対し、水制の実務的な研修と現場実践講座を進めることになった。成田空港では、山梨大学で景観工学を専攻される、石井信行先生も出発便を待っておられるはずだ。

今日は台湾に着いて四日目、その間に私は受け持ちの『水制』講座を終えた。二〇〇一年に視察した台湾の河川はことごとく、山地から河口にかけ大量の土砂が堆積し、高水ごとにこれが移動して河岸を侵食していた。山地からの土砂供給が、異常に多いのである。それに対し河川はまず堤防工事が先行し、これを強い構造とするため、その表面はコンクリートの法覆工が多用されている。堤防前面に高水敷を設け、これを低水護岸で保護する複断面工法は将来のことであろう。

そうした時期に環境問題が議論され、二〇〇一年は近自然工法の研修、そして二〇〇二年は水制の実務的な研修である。

日本でもこの議論を必要としたが、「水制を設置すれば護岸や堤防は不要」ということではない。洪水から堤内を護るのは、堤防や護岸の役割である。水制は、その堤防や護岸が高水で侵食され、被災するのを防ぐものである。同じ目的の工法には、法覆工、法止工、根固め工、床止工などがあり、水制工はそれらのうちの一つである。この点は、我国でも時々、誤解されている。今回の私の役割は、そうした誤解が起らないよう、優れた水制の機能を正しく理解してもらうことである。各種の伝統工法の中でも、水制は極めて多様な構造と機能をもっている。

『水は水を以て制す』。これは、日本古来の治水の考え方である。それを私が実感できる最も顕著な例が、高知を流れる仁淀川河口近くにある。高水が堤防を直撃する地区に、少なくても六〇年以上前から水制群が設置されている。先頭は短い数メートルの構造で、下流側は徐々に長く数十メートルになる水制群である。高水時、この先頭の水制が最初に水を刎ね、一直線のみお筋を作り、その線上に下流側の水制頭部が交叉する。そして、水制域内に大量の水を滞留させ、水制頭部を結ぶ強い流れを壁にして、堤防を襲う直撃流を受け止める。『水は水を以て制す』。台湾でえらく感心された。

さて、五日目の現場講習会は、朝から炎天下の河原が準備されていた。そこは鳳山渓と呼ばれる、延長四五キロほどで短いが、平均河床勾配二三五分の一という急流河川である。現場は扇状地の頂部あたりで、上流からの砂泥を含む土石流の痕跡が生々しい。自然河岸が左右に数百メートル単位で、三メートルから四メートルも削り取られている。当然、四時間ほどの講習で、この現場に応じた水制は完成しない。未完成でも、水制の基本構造と、その重要個所の石組み要領を示した。

石垣の役どころは、基礎の根石、コーナーの隅角、最上段の天端、そしてそれらをフレームにして築石。河川工事で間知空石積の場合、根石は丸太胴木を土台にするが、砂利や玉石の河床で、用材に大石が使えると、私は床掘り深さを十分にし、控えの長い石材をそのまま根石とする。築石は、単なる積み重ねでなく、噛み合わせである。一個の石材は三個の石材で支え、各石材の上面を奥下がりに、その胴や裏に栗石を充填する。空石積みが強い秘訣は、このように表からも裏からも石を築くためである。そして私は、石垣全体をアーチ状に組む。その過程は、石材の紋様が美しく、見る人を惹きつける。

六日目は、午前中に総括のあと、翌日に工事を行う予定の現場方面に向かう。宿泊先は二〇〇一年と同じ、国立生物研究センター内の研修寮。ここで一年前、近自然工法研修の合宿が行われた。あの時は、講義より事前協議に時間を要した。先方の要望を聞き、それを深夜までかけて翌日の原稿とし、そして翌朝、講義までに通訳に内容をよく伝える。思い返せば、この施設に飲用のアルコール類は置いていない。外には自動販売機もない。普通のレストランでも、常備していない。今回は店の主人に、ビールを買ってきてもらった。ビール文化の違いもあるが、台湾の人達はよく禁欲生活に耐えている。

七日目、この日は現場に構造物を一つ、完成させなければならない。東京大学大学院を終了し、私の会社にも少し滞在した楊佳寧さんが準備した渓流である。彼女は台湾の出身で、今回、ずっと山梨大の石井先生と私の通訳担当である。朝から現地に入る予定がずれて、午後からの施工になった。時間が完全に足らない。急ぎ、現場に入る。河床には巨石や大小の転石が散在している。ここ何年も河床低下が続き、護岸石垣の基礎が浮き上がっている。近自然の床固め工で、これを安定化させる計画である。現地に重機を運ぶ。近くの転石を集める。そして作業に先立ち、これからの作業を関係者に説明する。

畑の地主や重機の運転手が、何かを訴えている。口調や目に、宿る力が強い。私がそれを聞こうとすると、楊さんは主張する。

「彼らは、何を言っているのか分からない。それに細かいこと説明しても、彼らにはよく分からない。こちらから、どんどん指示を出して進めましょう」

私はこれまでの経験から、言う。

「それもいいが、彼らのやり方や特技を引き出し、こちらの思う構造に近づけるのも、早くきれいに仕事を仕上げるコツですよ」

床掘りを開始して熱闘三時間余り、石組みの渓流床固め工は完成した。言葉の全く要らない、時間空間だった。台湾の人たちはよく働く。パワーの桁も違うようだ。

私は一〇日間の日程を、無事終えることができた。台湾の豊かで美しい国土建設を祈念する。飛行機はいま、一路、関西空港に向かっている。

台湾南投県、竹坑渓での近自然床固め工

――水は水を以て制す――

前項で、高知を流れる仁淀川河口近くにある古い水制群のことに少し触れた。全国の古い水制を見ると、治水に関する日本の伝統的な考え方が窺えるが、実に多様な構造が残されている。この仁淀川の水制群も、平時の姿は優美に、また武骨にも見えるが、出水時には昔から、河岸に押し寄せる濁流を、堤防の前面で懸命に防いでいる。そのようすは、『水は水を以て制す』という、治水の伝統に則り見事である。

土佐市は中島地先、仁淀川大橋の直上流で右岸。この屈曲河道の、高水が堤防を直撃する場所の水制群は、少なくても六〇年以上も前からここに存在する。江戸時代に遡るのでは、とも思われる。私の手元に一枚の古い写真があり、川舟の櫓を漕ぐ祖父がいて、ちょうどその先にこの水制が写されている。古い石積み構造である。この時、私はまだ生まれていない。

私の父の生家は、この堤防の直下にあった。その軒先には、川舟と櫓や竹竿が土壁に沿って吊り下げられていた。猫の額ほどの庭に小屋があり、祖母は蚕を飼っていた。祖父は仁淀川の河原から砂利をトロ箱に入れ、これをリアカーで国道に運び、鉄橋や道路の砂利道を補修していた。その河原で私の父は、河川改修工事の砂利を運ぶトロッコに足を挟まれ、大怪我をした。

父は大雨が降ると、私や姉弟を連れてよく堤防を見に行った。堤防には、水嵩を監視する人たちが常にいた。見る間に濁流が堤防天端に迫ってくるさまは、恐ろしくも、また迫力があった。目の前で、堤防法面がグスッと崩れ始めると、準備されていた松丸太や土嚢で水防作業が始まる。土砂降りの雨と泥水の中で、男たちが立ち働く。それをずっと、私は見つめていた。

父はいろんな場に、私をよく連れて行った。

ある時、高水がまだ引き切らない仁淀川で、私は従兄と一緒に川舟に乗せられた。父は「しっかり縁に掴まっておれ」、と言って濁流に舟を押し出し、対岸に櫓を漕いで渡った。今でも、櫓を操る父の姿が記憶に残る。

水制群のすぐ上流は、いまでも大木の茂る河畔林である。私の子供時代には鬱蒼とした密林だった。子供たちは、木登り、潜水、陣取り合戦と、一日中遊んでも飽きることはなかった。小刀の、『肥後の守』一つあれば、遊び道具は自在にできた。

自分自身も、建設業界人になって何度か、高水時にこの堤防で水防作業に携わった。土堤の法面がグスッと崩れる。ここに掛矢で、松丸太の杭を打ち込む。ときに、その心得のない者がやると、杭は逆に飛び上がる。杭に相当の浮力がかかれば起きる現象で、堤防がそれだけ異常に水を含んでいたことになる。台風シーズンが来ると、今でも緊張する。

随分、回顧談が過ぎた。

その時の流れと共に、一方で中島地先の水制群も姿や構造は元のままではない。毎年激しい洪水に見舞われ、水制本体が局所的な損壊を受けたこともある。それでも、堤防脚部に侵食が及ぶことは防いでいる。そして、その都度水制は補修や改修が行われた。この水制群は、今も昔も仁淀川中島地先の防人である。

現在、最上流端の水制は、石積構造で長さ数メートルの水刎ね様式である。その下流側には、長さ数十メートルになる大型の護岸水制が数基連続

出水時の仁淀川中島水制群　左隅に短い水制がわずかに見える

する。降雨で本川が増水し始めると、流勢を増した流れがこの中島地先の堤防に向かい、川幅一杯に押し寄せてくる。そうすると、まずこの先頭の短い水制がこれを受け、その分量の流れを岸から離すように刎ね返す。その刎ね返された流れが一本の強い筋道となり、下流に向かって直進し、その線上に下流の大型水制の頭部が交叉する。この大型水制群は、その頭部でリレー式に水を刎ねて加速させ、同時に内側にも水を呼び込み、水制域内に大きな渦を形成している。

ここでもう一度、この水制群のはたらきを見直してみよう。

全体を改めて観ると、この水制システムは高水敷前面に大きな水塊をつくり、直撃する巨大な高水流を受け止めるはたらきをしている。石やコンクリートの低水護岸に対し、水塊による低水護岸である。そこに、二つのはたらきがある。

一つは、最上流の短い水制と下流の大型水制とが連携し、水制頭部を結ぶ強い水流ラインを形成して、岸に寄る高水流をここで遮断するはたらきである。〝水のカーテン〟とも呼べる。そしていま一つは、そのカーテンの内側、つまり大型水制内に大量の水を導き、これを反転し滞留させ、堤防を直撃する高水の衝撃を吸収するはたらきである。この二つのはたらきが相俟ち、まさに『水は水を以て制す』を実現している。

また、この地先で歴史を刻んだ水制群は、今日までの長い年月、無傷で存続してきたわけではない。胴や頭部は流速の大きい河心に晒し、根部は大量の高水を受け止める。水制本体に大きな外力がかかるばかりか、その基礎地盤も局所的に洗掘される。もし全体に予期しない外力がかかり、取り付け河岸部が損壊すると、堤防に甚大な影響が及ぶことになる。そのときは、頭部を先に損壊させるのが前提である。そのため、取り付け河岸の根部をより厚く堅固にし、胴部は高水が通り過ぎるまで持ちこたえ、その機能を果たさせるのが、伝統工法として水制の基本である。損壊部は、後に上置き、腹付けで補修する。

「水との闘いは相討ちのこと。勝たず、負けず」、と表現されている。

そうした観点から、三度、この水制群を振り返ってみると、最上流の短い水制のいかに重要であるかが再認識される。この短い水制で強く刎ねてできた〝水のカーテン〟の裏に、緩流域が形成され、その内側に大型の護岸水制が設置されている。つまり、これで水の制御効果を最大限に、大型水制にかかる外力は最小限に、ひいてはその補修も最小限で済むことが意図されている。

三、フランス・スイスにみる共生型社会の原型

――自然の風景――

黒沢明監督の映画で、『夢』という作品がある。主人公が少年期から大人になるまでの出来事を「こんな夢を見た」という短編で構成し、戦前のふるさとの甘酸っぱい思い出から、やがて戦争を体験し、高度経済成長の時代を経て、現在の環境汚染の恐怖をつづった異色作である。その中で主人公がタイムスリップし、のどかな農村風景を機関車のように描き続けるゴッホに出会うシーンがある。ゴッホは「お前はなぜ描かんのだ」と語りかけ、「絶景では絵にならん。何気ない自然こそ美しいのだ」と諭している。

黒沢明監督は、あの映画でゴッホに何を言わそうとしていたのか。今日本の各地で、その何気ない風景が姿を消してしまった。我が国は戦後五〇年の経済発展を経て、世界有数の高所得国となった。しかし、多くの国民はその生活の豊かさを実感できないと言う。都市は無機質的に画一化され、農村は自然が量的に減少し質的にも劣化して、人々は癒される環境をなくして他人を思いやる心の余裕を失った。そして振り返った今、国民の願望は『物の豊かさより心の豊かさ』や

『生活の利便性よりも自然との触れあい』を求めているという。

世界中の人たちが観光に訪れるスイスは、日本の状況とは異なるにしても、国民生活を自然災害から守り、経済発展のために国土の開発を進め、さらに絵はがきのように美しい都市や農村の景観づくりにも成功した。しかしその結果、多くの生き物たちのすみかを心ならずも奪っていたことに気づくと、今度はこれまで対立していた土木工学、経済学、生態学、景観の専門家たちがそのしがらみを越えて協力し、新しい価値観による技術体系を構築して、これまで経済面や快適性を目的に改変した川や森、さらに農地をも含めて、再び自然に近く戻すことを実現している。

〝都市や集落〟に対して、この森や農地が広がる〝自然を中心にした地方〟を、スイスでは〝ランドシャフト〟というドイツ語で表現している。しかし、かつて豊かな自然を保っていたこのランドシャフトも、近代に入ると山野の開墾や農地の区画整理が進み、化学肥料や農薬を大量に使う集約型農法に転換され、多くの生きものたちが姿を消してしまった。したがって、当然〝近自然〟の運動がこのランドシャフトにも展開されていく。

農地の生態学的な構造改善は、従来の地域全体を直線形で〝碁盤の目〟状に仕切るやり方を廃し、池や水路または防風林や茂みなどは水と緑のネットワークとして連続させ、それらの自然を保全または復元し、その中で耕作地だけを区画整理するという試みから始まる。そこでの土木的に共通する手法は、以前にも紹介したように生態系の境界領域を近自然化させることである。例えば、池や水路のほとり、または背の高い防風林の下は多様な種類の灌木と野生の草地で、これに隣接して幅数メートル以内の管理する草地を設けている。これらのグリーンベルトは、生物の多様性を維持し回復させる目的もあるが、同時に農地との物質収支の改善を図る目論見もある。

この生態学的な構造改善は、実は農業経済面からの目的とも一致していた。それは農業の近代化に対する反省で、「これまでの集約農業は過剰豊作があったり、また冷害や昆虫の異常発生時には大規模なダメージを受け、連邦政府がその折々に援助をしてきた。その

スイスの防風林と管理草地

問題を解決するために一部の農地を粗放農業へ転換することは、農産物の過剰生産を少なくする一方、自然の生態系を多様化することでもある。そのことは将来の気候変動に対応することでもあり、自然を守ることは農業と経済の問題を少なくすることである」とうたっている。そして、管理草地や粗放農業を行う農地に対し政府から補助金を出している。この管理草地は、もし食糧難の事態が発生したときにはいつでも耕地に返せるということも、また評価の一つである。

いまこうして、スイスには新しい農村風景が出現しているが、それはかつての懐かしい日本の農村風景でもある。このスイスで使われているドイツ語の〝ランドシャフト〟という言葉は、日本では多くの場合〝景観〟と訳されている

かつて来日したスイスの知人から、滞在中の感想を含めて手紙をもらった。彼はチューリッヒ州政府で長らくランドシャフト行政の重責を勤めたクラウス・ハークマン氏である。

「大小さまざまな家々、住宅と商工業ビル、電柱と柱上トランスのある道路や路地、ホースのように太い電気や電話のケーブル、野放しの広告看板。これらのごちゃごちゃした混沌が、日本の都市景観を特徴づけている。その混乱ぶりは農村部にも延長し、とくに農地での農業以外の土地利用が目についた。農業が我々の生活の根底を支えていることの重要性を軽く見てはいけない。現在の社会・気象条件が永久に続くわけではない。西暦二〇五〇年に、我々の子孫はどこで食料

を生産するのだろうか。

ランドシャフト保護という思想は、そのベースに自然創造への尊敬、土地在来の動植物への思いやりと、それらを保護する人道上の義務、未来に対する責任感がある。そしてふるさとというイメージを言うとき、それは国家や市町村という体制を指すものでなく、ランドシャフトや村落のイメージと結びついたものであり、もしそれらに喜びを感じないならば、人々は国や市町村に対する関心を失ってしまうだろう。その自然や文化的特徴または美しさを壊してしまった国は、国民が連帯と責任を感じるような、独立国家という重いものを支えることのできる国ではあり得ない。」

彼からのメッセージである。

再び黒沢明監督の『夢』の世界に帰ってみる。ゴッホの描いた絵には、麦畑の中を緩やかに曲がる小径や茂みのある農村風景がある。『夢』という映画の中で、黒沢明監督はその農村風景を前にしたゴッホにこう語らせている。

「何気ない自然。私はそれを丸ごと体で受け止めるのだ。すると風景は私に語りかけてくる。急がねば時間がない。絵を描けるのもあとわずかだ」と。

――南フランス・リュベロン地方への旅――

最初の目的地、バスティドンという小村で私たちを歓迎してくれたのは、思いがけずも一〇人くらいの小学生だった。公民館のような建物の前で、嬉々として元気そうなこの子らが来訪者を待っている。私たちを「村に少し案内する」と言う。ガヤガヤやっていると、丁度そこへ、この地方のプレジデントがゆっくり静かに現れた。私たちが面会を求めていた当の人物である。企画されたものなら心憎いばかりの演出だが、実はその背景にもっとすごい哲学があることを後から知る。

一五年前、『環境問題と土木の関わり方』をスイスから学べと私に勧めた弟が、今度は「南フランスのリュベロン地方を見よ」と強引に私を誘い、彼の連れ添いソフィーのコーディネータ兼通訳で、この度一〇日間の旅行となった。

ガイドブックによると、『リュベロンはアルプスから地中海に至る地方で、樹木に埋もれた静寂とごつごつした風景、山上の小さな村々や空石積みの小屋が特徴。一六世紀、ヴァルド派の共同体に抗し、数々の血塗られた舞台でもある。面積一六万ヘクタール、人口一五万人で自治体の数六七、経済活動は農業を主に食品加工業と観光』とある。また、この一帯はリュベロン地方自然公園に指定され、一九九七年にユネスコの生物圏保護区（MAB計画）として承認されている。今回の研修課題は『人間と生物圏』だと思った。

話を元に戻す。バスティドンの路上で会ったプレジデントは、簡単な挨拶が終ると子供たちにあとを頼み、「それでは明日の昼に」と早々と姿を消した。この日は、地方全体で地区ごとにイベントがあり、それもテーマが〝水〟とのこと。そこで子供たちは、私たちを村の古い水汲み場や共同洗濯場に案内し、昔の暮らしや今に続く習慣などを誇らしげに説明してくれたのである。公民館には、子供たちの〝水〟をテーマにした絵画や工作物、隣の図書館には古い昔の風景写真が展示され、年寄りの回顧談を録音したテープが回っていた。子供たちも仕事をし終えると、あっという間に私たちの前から消えた。

この日の夕方、別の村の祭りに参加した。今回の研修計画一切を準備してくれた、公園機構のジルさんがここで待つという。水車のある川辺の広場では、地域ごと区分されたテントの中で、リュベロンの各地域をPRする物品やパンフレットが展示され、そこは物品の売買でなく、情報を交換する人たちでにぎわっていた。ジルさんは公園機構のテントにいて、「自分たちは、こんなことをやっている。楽しんでいってくれ」と私たちの到着を歓迎してくれた。そして、「明日の午後、事務所で」と別れた。テント内には、リュベロン自然公園とユネスコ生物圏保護のポスターや資料が並んでいた。

さて翌日、私たちは公園機構のプレジデントとある小さな町のレストランで昼食懇談会をもった。『リュベロン地方』を本格的に学ぶ、実質五日間の研修が始まった。

一九六〇年代の終り、この地方は新しい第二次居住者とコンビナート計画で、メトロポリス的な住宅地域になるのではという不安が多くの人たちの間に起こったという。第二次居住者とは、マルセイユなどの大都市に住み、週末や休日をリュベロンで過ごす人たちのことで、彼らが絵のように美しい村の真中に家を買えば、普段は空家状態となって村の中心部は廃墟となる。そこで、こうした事態を防ぎ、地方の自然と村の生活を守ろうという運動が始まった。地域の首長を務める優れた指導者がいたという。そして一九七七年、『リュベロン地方自然公園』という地域を三二地区、七万人で創設。参加した全地区が、この公園の目的と目標を掲げ署名した『公園憲章』を定めた。現時点では、六七地区、一五万人の地方となっている。

彼らが選んだ『地方自然公園』というのは、人が住まない『国立自然公園』と対比して、『人が住んで自然を保護する地域』という概念である。因みに、この憲章で定めた公園の目的は、

「地方の自然のバランスを保ち、村人の生活条件を改善して、灌漑・機械化・土地の再編で農業活動を推進すること。なかでも最優先されるのは、公園発展の基礎となり、領域内の維持を保証する農業的ポテンシャルの保護と開発である」とうたわれている。

その少し固い憲章の内容は別にし、この対談でとくに印象深かったのは、この運動を起こした当初の人たちの考えである。以下、プレジデントの言葉をそのまま紹介する。

「リュベロンに地方公園の概念を導入し、外からも人を迎えたい。これは、周りからの開発も防がねばならないが、この地方にはこれを防衛する高い山や海がない。しかし、その代わりに伝統的な文化と生活がある。人々がその価値を理解すれば、リュベロンは守れる」

「環境を保全しつつ経済を発展させる。その第一

ゴルドの丘上集落と背後に広がる農地平野

のルールは、自然と静かな生活空間を守る。第二に、村の人口が増えても集落規模、つまり可視的な集落景観を変えない。第三は、大きな農地は百年後にも残す。これはリュベロンのアイデンティティである」

「一九七〇年代、南から多くの移住者があり、七七年に一〇万人、現在はま一五万人。ある村は、ここで生まれた若者を入れ、地域に住む新しい人たちは、人口の三分の一。リュベロン地方公園（という共同体）は、この新旧世代の人たちを交流させ、社会的なつながりをつくるのが仕事。新しい人たちが、如何にして自分たちの土地を知り、馴染んでいくか」

「人が自己確認をする。それは、まず自分を知ることだ。それには国や村のことを知る必要も。それで人にも認められる。コート・ダ・リュベロンのワイン銘柄は、いまではフランス中に知られている。祭りや地区でのイベントを通し、地元の人たちはそれらを知る。そして『あなたはどこのひと』、と問われたとき、『私はリュベロンのひと』、と答えられる。だから、昨日のようなイベントは、外の人のためでなく、地域の人のため。初めはそのつもりでなかったが、段々そう思うようになってきた」

プレジデントの淡々と語る言葉が、私たちの昨日から体験していた風景と重なり、私は人類の歴史を教えられ、そしていま、人間としてのあり方を示唆される思いがしてきた。

―南フランスの土木と文明―

リュベロン地方自然公園機構のプレジデントに会った翌日、私達はこの地方の西方に位置するアビニョン、オランジュ、ポン・デュ・ガールといった、古代や中世ヨーロッパの、都市施設の遺構を残す町や山間の地方に出かけた。すべての研修を終えたあとも、レ・ヴォー、タラスコン、アルルといった、ローマ時代やそれ以降の歴史を刻む、プロヴァンス地方の個性ある町を訪ねた。これらは自然と人間との共生をうたうリュベロン農村地方と好対照で、まさにヨーロッパ文明の歴史がしっかり刻印され、ものものしい時間の連続性とその重さを実感させるものだった。

そこは、いわば町や都市の全体が歴史遺産で、なおかつそこに市民が生活し、現実の都市空間が形成されている。これは私にとり、メガトン級のショックであった。そして、その余波が、帰国して三週間経った私を、再び襲った。これらの風景と、私は夢の中で再会する。アビニョンで泊った中世に建てられた気味悪いホテルや法王庁の巨大な宮殿、紀元前1世紀末の建造で今日でも音楽祭が催されるオランジュの巨大な古代劇場、ローマ時代に血生臭い格闘が行われたアルルの円形闘技場、これらが二度、三度と、私の夢にのしかかり現れる。しかたなく、じっと暗闇を見つめその風景を回想することにしたが、その折り、ふと『兵どもがゆめの跡』という句が浮かび、私は瞬間、はっとした。

ヨーロッパの古代文明。それを支えた土木技術。これらは市民の生活基盤を整え、都市文明を発展させ、そして近代国家を建設した。今日、それらが世界遺産として評価され、なおかつ未だに人々の利用にも供されている。多少の不便を承知の上で、それらを後世に継続して残していくヨーロッパの凄さ。そこに一貫して流れる人々の思想を感じるばかりでなく、私は土木技術者の一人として、紀元前から既に体系化されている土木工学と、そしてそれらを成し遂げた高度な建設技術に、ただただ驚嘆の念を禁じえないのである。

かたや、『夏草や、兵どもがゆめの跡』。石で都市文明を築いたヨーロッパに対し、わが国は夏草なのか。そこから私が連想したのは、行基や空海、武田信玄や加藤清正、さらに熊沢蕃山や野中兼山といった宗教家、戦国武将または為政者であり、なお優れた土木技術者でもあった人達のこと。彼らの施した事業は、農業を発展させるための灌漑や溜池、また自然災害から人々の暮らしを守る治山・治水などに特徴がある。顧みれば、現在、日本の人口の大半が住む都市や、米などの食糧を生産する農地の多くは沖積平野で、かつて洪水の氾濫原であった。現在の風景の向こうに、我々はこの歴史を見失いがちである。

急傾斜でもろい地質の山地や急流河川を擁し、洪水や地震など自然災害の発生し易いわが国には、その風土に適した土木や建築の技術が地方ごとに発展し、それぞれ独自の地方文化を築いてきた。とくにその成熟期を呈した江戸時代の特徴を、高橋裕・酒匂敏次両先生は、共著『日本土木技術の歴史』（一九六〇、地人書館）の中で、次のように解説されている。

「徳川家康は、一六〇〇年の関が原の戦いに覇を制して、ここに徳川幕府による江戸時代が始まる。政治的には、農業生産に基礎をおいた封建制度と、外に対する鎖国政策によって象徴されたこの時代は、土木事業面からみると、実に多くの成果をあげている」

「この時代に行われた土木事業のうち、幕府がもっとも力を注いだのは、農業生産力の維持と発展のための治水と開墾事業である。加藤清正以下の人々による有明海の干拓、瀬戸内海沿岸の干拓などを初めとして、国内各地に、あるいは藩主により、あるいは代官名主により、また農民たちの発案に基づいて、干拓や開墾の事業が進められた」

「この時代の技術は、それまでに日本各地の経験によってつくりあげてきた経験技術を発展集成したものであると同時に、また多くの天才的技術者の出現によって推し進められ、実現されたものを数多く含んでいる」

「河川関係の技術においてはとくに各河川の固有の性状、歴史的な変遷をよく把握していることが、何といっても適切な技術的プランをたてる上の基礎となる。逆にいえば、全国一律の公式のようなものが当てはまりにくい技術であって、そのゆえにこそこれら天才は、各地の経験をよく調べ、鋭い直感によってこれを処理し成果をあげたのであった。他面からみれば、これは体系化され普遍化されることのむずかしい技術であるといえる」

「各藩割拠という政治的理由ももちろんあったであろうが、当時の土木技術のこのような性格が、江戸時代にあのように多くの事業が行われながら、一つのまとまった技術体系となり得ないで、やがて明治維新を迎え、ヨーロッパの自然科学に基づいた技術がはいってくるや、ほとんど技術自体としては継承されなくなってしまった理由を説明してくれるのではなかろうか」

実は明治維新以後、体系化によって、普遍化されることのなかったのは、こうした工学的な技術だけではなかった。日本人の思想や、それを語る言語の文化すらも、自らの独自性を自覚する前に、西洋の近代文明を急速に取り込み、多くはその概念を明確にしないまま模倣した。それら個々の社会経済基盤は、近代国家を建設するために不可欠な要素であっただろう。しかし、日本人は、自らのアイデンティティを語る、多くの文化を失ったように思われる。自らの文化や、あるいは歴史を切り捨てて。

アルルの街角、黄色い壁の前に置かれたテーブルや椅子、その〝夜のカフェテラス〟はゴッホが描いた一八八八年当時の情景をそのままに、いまも市民の憩いの場になっている。そして、その前の広場に面した古いビルの壁に、いわくありげな大石柱がはめ込まれ立っている。刻まれた文字から、紀元前ローマ時代の遺構と知る。こうした光景を見て、我々は西欧から、もう一度何を学ぶべきであろうか。いま世界は、人類の存亡をかけ、大きく転換しようとしている。次なる、新たな文明とは何か。夢のあと、私の胸に、ぽっかりと大きな穴があいてしまった。

ゴッホ“夜のカフェテラス”が残されたアルルの街角

――リュベロンの農業――

南フランス、リュベロン地方の四日目は、前日の快晴から一転して、夜明け前から雨だった。南フランスの秋雨は、刺すように冷たい。この日、私たちは早々と宿のルションを出発し、午前中の訪問先、マノスクまでの約七〇キロを車で急いだ。急いだにもかかわらず、道中ずっと、ほかの車が私たちの車を次々と追い越していく。こんなに急いで、フランス人たち、この先に一体何があるのだろう。

しかし、国道を離れると、そこは全く静かで平和な別世界である。私たちはマノスクに着くと、市街地を離れてでこぼこの山道に入り、目的地の農業試験所を目指した。リュベロン地方自然公園機構とユネスコとが進めている、『持続発展可能な農業の研究』とは、一体どのようなものか。それが、午前中の研修課題である。心は急いたが、時計の針は、先方の指定時刻を途中でオーバーした。

一九九七年一二月、このリュベロンの地方自然公園は、ユネスコの『生物圏保護区』として承認されている。その『生物圏保護区』とは、一九七四年に開始されたユネスコの『人間と生物圏プロジェクト』で、「自然保護上の価値、学術的価値、または持続的開発を進める人間にとっての価値、これらを国際的に認められた、陸上または沿岸の環境を代表する保護区である」と規定され、二〇〇〇年三月現在、九一ヶ国、三六八地域が承認されている。リュベロン地方では、この公園機構が、二〇年に亘って地域の生物多様性を保護し、生活や経済など持続可能な地域開発を探ってきたことが、間違っていなかったと立証されたのである。

約束の刻限を約一五分ほど遅れ、私たちはあたふたと目的の建物にたどり着いた。が、そこには、人っ子一人いない。その瞬間、「しまった」と思ったが、実は、コーディネータ役のソフィーが、翌日のスケジュールと混同し、この日、早朝から私たちを急きたて、一時間早く着き過ぎてしまったようである。しかし、そのことが却って、のちほど私に新しい発見をさせることになる。何が幸か不幸か、本当に良くわからないものだ。

私は、この試験場の担当官、ジャン・ピエール・タリシュ氏が現れるまで、この農場の様子を少しでも覗いておこうと思った。敷地入り口には、『生物多様性センター』と書かれた標識のほか、門も柵もなく、私は何の障害なく農場に入れたが、そこに見た風景は、私をがっかりさせた。荒廃地である。畑らしき区画は見えるが、野菜ならぬ野草が生い茂り、果樹園らしき区画には、しばらく手が入ってない木々が転々と影を落としている。これは、過疎で荒れた日本の山村風景と同じだ。これから、何かを始めるのだろう。敷地の奥のほうに、展示館のような、新しい建物がある。私はしかたなく、ここへ来た証拠に、それらの風景だけはカメラに納めておいた。

さて、間もなく、タリシュ氏が約束の刻限にやって来た。彼は、ひょうきんで、気さくな男である。身振り手振り、肩や顔、動かせる部分すべて使って話し掛けてくる。さあ、この荒れた土地で、これから彼らは何を始めようというのか。まずは、聞いてみよう。彼の導くままに、私たちは件の農場に入っていった。

ところが、喋りながら通り過ぎると思った先程の畑、まず彼はそこに入り込んだ。そして、何かを千切り、それを私たちに見せると、にっと笑った。何と、赤と黄と緑の混じった、小さなトマトである。私は、迂闊だった。先刻見たのは、ただの野草ではない。さまざまな品種のトマトが、植わっていたのである。彼は、それを「食べてみろ」と、私たちに勧めながら解説を続ける。「ここには、一二五品種のトマトが保存されている。それぞれ、味が違う」と、また別のを千切って、私たちに差し出す。「栽培は、伝統農法により、農薬は一切使っていない」と言う。そこで改めて周りを見回すと、先程と全く違う風景がそこにあった。ここは、過疎の荒廃地じゃない。目から鱗が落ちるとは、このようなことだろうか。彼は、さらに言葉をつないでいく。

「この生物多様性センターに、現在、三五〇の野菜や果樹の品種が保存されている。フランスで、リンゴの品種は、一八八〇年に二、〇〇〇を数えたが、今日では二〇品種を数えるに過ぎない。我々がここに保存しているのは、四〇品種である。いま、こうした農業面でも、生物の多様性の重要さに、人々が敏感になってくれるよう、春、夏、秋にこの農場を一般公開し、そして、できたものを試食してもらっている」

「ここの段々畑は、空石積みの石垣で拵えた。トラクターは使わず、昔の農業形態を踏襲している。石垣はエコロジックであり、その前面は暖かく、苗を栽培するのに好都合である。そういう微地形による気候と、土地の自然土壌とによって、作物や果樹を育てる品種が決まる。そして、カビや病

果樹の品種保存を説明するタリシュ氏

気に強かった昔の品種を、将来に備えて保存する。バイオテクノロジーの行方は、誰にも分かっていないから」

「この事業は、ヨーロッパのプログラムである。農場はマノスクの町が買ったが、運営資金は地元に負担をかけていない。ヨーロピアン・イニシャティブとして、EUから資金が出ている。過去の一〇年、初めは事業の意義が地元によく理解されなかったが、農場を公開するようになって、それが良く分かってもらえるようになった」

案内してくれたタリシュ氏は、自分の仕事を天職と思っているに違いない。彼の説明には、全身からその情熱が伝わってくる。この農場を案内してもらった後、近くのオリーブ山を見に行くことになり、私は彼の運転する車に乗せてもらった。その車中でも、彼の熱心な講義は続く。そして、話が核心に入ると、顔は私の方を向き、両手をハンドルから離して、身振り手振りに熱がこもってくる。その度、車は町の中をあっち行き、こっち行きし、時に対向車線に入って、前後からクラクションの一斉射撃を受ける。

いま思っても、ユーモラスであるが、自分の仕事に誇りを持っている、なんともさわやかな男であった。

――リュベロン地方の景観と哲学――

タリシュ氏が案内してくれた丘陵地は、かつて市街化が進んだ町の郊外にあり、ここにも数年前に開発の手が及ぶ時期があったようだ。その折り、単なる雑木やツタの覆う丘と見られていた斜面の藪を伐採すると、その下に古い時代からのオリーブ畑が現れ、樹齢2千年と推定される古木も発見されたという。この地方に伝わっていたオリーブ油の伝統産業は、一九五六年の寒冷気候でバターやピーナツの油に市場競争で敗れ、オイル業界から大きく撤退している。しかし、オリーブ油は、古来から食品として心臓や静脈など、さまざまな病気の予防や健康に良いことが知られており、いまもこの地方では多方面に伝統的な生活文化として、各家庭単位で後世に伝えられているという。

「このオリーブ畑は保存すべきである」と、リュベロン地方自然公園機構は、早速に行動を起こしている。地主と話し合い、町がこの大事な土地を買い上げた。そして、個人的にオリーブ栽培をやりたい人に貸し、その成功例を周りに広げていった。その結果、今ではオリーブを栽培したい人が増え、協会を作って技術を教えることになったという。タリシュ氏が案内してくれたオリーブ山は、古い石垣の棚田風景で、その中に新しい石積みの棚田も見られた。その石垣を築く伝統技術の保存も、今日の課題であるという。山の頂上から眺めた景色は、昔の町がグリーンベルトに囲まれていると読み取れたが、その周辺は新しいまちづくりがなされているようだった。

この日の午後は、アプトの公園機構本部を訪れ、その『まちづくり』を担当するマリアンジュ・クルボン女史を尋ねた。若いが、利発で聡明な表情を持った女性である。

彼女はまず我々に、この地方全体の色分けした地図を示し、「この地方は三つの大事なゾーンに分けられている」と話し始めた。

「緑色で示したゾーンは、自然と静かさを守る区域です。それがこの地方固有の価値を保っています。従って、建物や経済活動によってこの環境を壊すことはできません」

「黄色と桃色のゾーンは農地で、農業を守ることは公園機構の大事な仕事の一つです」

「黒色のゾーンは市街地や居住区で、これが自然の土地や農用地を虫食い状態に開発することは、避けなければなりません」

そして続いて、この地方におけるまちづくりの、公園機構の立場を説明する。

「この土地利用のあり方で問題が起きた場合、地域でその結論を下す前に公園機構の意見を聞くことになっています。しかし、結果としてそれに従う必要はありません。法律で人の考えや行動を縛るのでなく、最終は首長がこれを決定します」

その一方で、公園機構は各地域の首長に対し、首長の職務にとって必要な各分野の研究された最新情報を、思想や技術面を含めて分かりやすくパンフレットにし提供している。こうした仕組みを、私の弟は「権威と権力を識別すること」の重要性を説くとともに、この公園機構が権威ある機関としてこの地方に存在し、権限を持った公の機関に意見を述べていく社会の正常さを指摘している。

彼女の話は、さらに淀みなく具体的な事例紹介へとすすむ。

リュベロン山の北方で、『自然と静けさ』のゾーンにキュキュロンという小さい村がある。彼女たち公園機構のメンバーは、ここの土地利用計画が策定される際に、ディスカッションに参加して意見を述べ、実作業のうえでも協力している。

「ここは昔から伝統的家並みが残っている地域で、建物や施設の規模や外観を変更したり、異質なものを新設することは慎むべきです。小さな林や湿地帯も、エコシステムの一環として変更すべきでありません。農村風景の中に、突然いろいろな異物が進入してきてもいけません」

「実は何年か前に、集落の中心近くに家が建ち始めたんです。これでは景色が壊されるということで、村と公園機構が話し合いました。そして村の社会的連帯を深め、経済的にも活性化するよう未利用地を有効に使うことになり、新しい土地四、〇〇〇平方メートルを準備して、新しいきまりを作りました。家を新築するときは、伝統的建築と同じデザインでということですが、一戸建て建築は元々村のイメージではありません。また少しの土地に沢山の人が住めるよう、この土地に昔からあるアパート様式の建築を新しく建て、社会的にさまざまなランクの人に入居してもらいました」

「村を遠くや色んな角度から見ると、この景観こそ、この村のアイデンティティといえる場所があります。そこから眺める風景に、新しい建築または開発行為を許すことは一切だめで

景観の中で中世に惨劇が行われた歴史を学習する市民

す。この村のイメージを壊してはいけません」

「また景色に関係なく、遺跡の保存は大切です。ローマ時代の遺物もあります。公園機構は、地元の人たちがその価値を理解するよう、対話をすすめます。地元が自分たちで守りたくなるように」

「昔からある木は、保存すべきです。枯れたら新たに植えなければなりません。村の人たちの為に、こうした風景は大事です。国や県は道路敷設のためこれを切りたくても、村がノーと言えば切れません」

この計画決定がなされた後でも、村は公園機構に新しい計画を相談したり、カウンセリングを受けている。そして、村の人達も自分の土地を良く理解できるようになり、公園機構とはよい関係が保たれているという。そうした関係は、これまで四〇ゲマインデ以上にのぼるという。

そう言えば、何時の間にか私たちの身の回りでは、山に囲まれた猫の額ほどの町に高層ビルや大型建造物が建ち並び、かつて見慣れた故郷の山並みが視界から消えていた。古里のイメージが幻想となったとき、市民や国民は一体何を連帯の絆にすればよいのだろう。

――リュベロンの人と文化――

〝農業〟また〝まちづくり〟の何たるか。公園機構にそれを尋ねた後、私たちはその興奮の覚めないまま、当日の宿に近いルションで夕食をとった。この村は、かつて顔料の生産で国際的に名を馳せ、その集落は当時も今も一際高い黄土の丘の上にある。我々は、村の外に用意された駐車場で車を降り、黄赤色系の顔料で彩られた建物群に向かい、その何百年も振り子が止まったような集落を抜けて、展望台へと辿り着いた。すると、眼下に、今しも暮色に暗く沈まんとする壮大な谷間が広がり、折りからの残照がこの黄土の丘集落を赤い炎で包み、たちまち消え去ろうとしていた。言葉も出ない、光景だった。

フランスはヨーロッパ有数の黄土供給国で、ルションは品質の良さをもち、その中心地として栄えた。古くはローマ時代、全盛期は一九～二〇世紀初頭で、その後は化学染料に押され、時代の流れから取り残されたという。展望台から下り、我々が探し当てたレストランは、そうした二千年に及ぶ人々の暮らしがにじむ家並みの一角で、その土地に似合いの店だった。ルションはいま観光地として有名であるが、この店に限らず、村全体が現代文明から超然として存在し、派手な看板やネオンサインといった外装は、全く見ることができない。

店主は、そうした土地にこれまた似合いの、浮世の沙汰とは無縁とでもいう風な男だった。我々は洞窟のような階段を上り、屋根裏然とした部屋の一隅に案内された。この夜は、我々が最初の客のようだったが、そのうち新たに二人連れの客があり、主はそちらに応対していた。が、間もなくそこに何か異様な空気が漂った直後、この二人連れは席を立ち、店を出た。その経緯は分からない。しかし、主がけじめをつけるように、「お引き取り下さい」と最後に言った言葉は、我々の耳に残った。

店の主は、何事もなかった顔で我々のテーブルに回ってきた。私はこの瞬間、何かを理解した。リュベロン地方。村も、この店も、そしてこの男も、いますべて彼らが向かい合っている相手に、何の技を仕掛けることも許さない、不器用さと重さも…。「私たちと対峙し、直後、互いに認めあった」とは、実はレヴィ・ストロースの表現を借り、私はそう感じた。文化とは、アイデンティティとは何か。ここでは、『存在するもの全て』がそれだ。この日一日をかけ、私はそのことをしっかりと教育されてしまった。

次の日、私たちは、再びアプトの公園機構を訪れた。この日は、土木・建築の技術者コエン氏が、とくにこの地方の石造文化を守るために市民の日常生活レベルまで及び、何を啓蒙し何を具体的に伝えようとしているかを説明してくれた。この地方の石造文化は、古くは今も人が住む鉄器時代の住居に始まり、今も供用されるローマ時代の道路橋、さらに中世から近代・現代にかけての城郭や民家の石垣など、生活や社会の基盤としてその文化様式は脈々と引き継がれている。

しかし、それを守る伝統技術の継承は、土木・建築工法の近代化が進む過程で、いまずっと危機的な状況が続いている。技術を継承する人がいなくなれば、将来、地域の伝統的な歴史・文化の景観や空間の質は保てない。その公共財産を守るには、例えば、日常生活と関わりの深い棚田や住まいの石垣といった、石の文化や建造物群を保存する技術や知識を多くの人達が保持しているべきである。これが、公園機構の呼び掛けである。

その公園機構が行う具体的な支援事業として、まずコエン氏らは、地域へ新たに入居して来る人達を含め、家の新築や修繕を必要とする人達を対象にカウンセリングを行っている。それも待ちの姿勢でなく、需要の多い市や町に、週半日から一日の出張サービスの態勢をとる。専門業者への助言も入れると、年間その数は二、〇〇〇件を越している。そして、そうした工事や事業を許可する各首長へも、事前にその文化的な意義などを説いた情報を提供し、また適宜カウンセリングも行っているという。

石造文化を護持しようとする公園機構の助言活動は、こうした直接それに関わる方面だけにとどまらない。一般市民の意識を啓発することも、重要な仕事である。コエン氏は言う。「文化を継承するということは、人々がその価値を認め、それが生活の中に位置付けられていってこそ可能である」。一般市民向けには、ＰＲ用のパンフレットが編集されている。

「分厚く積み上げ、隙間の多い独特の石塀。これがこの地方固有の気候で、四季を通じてどのような働きをしているのか。夏の焼け付く太陽、ミストラルと呼ばれる冬の厳しい北風に対し。また今日的に、生態学的な環境やエネルギーなどの問題と、どのような関わりを持っているのか。さあ、素人でも楽しく石を扱える、コツを紹介いたしましょう」

「黄土や石灰から作られる建築用顔料。この懐かしい顔料は、値段は化学塗料より少し高いが、そのきれいさは年を経て益々深みを増し、また雨風や太陽に対する耐性も強くなる。色や質の違う優れた砂土が、リュベロンの五つの地方で採取される。この独特の色調はリュベロンの文化であり、アイデンティティである」

また、この空石積みの伝統文化を、経済効果の点でどう評価できるか。いまスペイン、フランス、イタリア、ギリシャの四ヶ国が、各々で異なるテーマに取り組み、その成果を情報交換している。因みにスペインは『石積み技術の学校』をつくり、イタリアは『空石畳舗装の道路網』を整備し、ギリシャは「空石積みの家を使う』ことであるという。そしてフランスは、ここリュベロンで、『石積みの技術や知識の人的ネットワーク』を構築し、もう一つは実務家のために研究室でモデルを作り、『計算式』をつくっている。『文化を守る』というより、一切の時、空間を超え『文化そのもの』で存在し、その意識さえ見えない村があり、一方で、地方の文化をこれほど真剣に見直し守ろうとする。地方や文化を基調にした、普遍的な『国家』という概念が見えてくる。

鉄器時代からの建築様式といわれる空石積みの小屋

―リュベロンの環境と子供たち―

リュベロン地方の研修旅行も大詰めである。この地方で子供達はどのような環境教育を受けているのか、それを知るため私達はビュークスという村に出かけた。農村風景は相変わらずのどかだが、やがて前方に一部壊れた古城らしき建物がぽつんと見えてくる。実はここに公園機構の教育学習センターが置かれている。迎えてくれたセンター長のガエル・ルボアさんは、珍しそうに建物を眺める私に、「これは未完成の城館です。建設途上でフランス革命が起こり、そのとき城主は建物を捨てて逃げたんですよ。それをそのまま、子供達の学習の場に活用してるんです」と、笑って説明してくれた。瞳がきらきらと輝いてよく動き、感性の良さを想像させる女性である。

「子供達の環境や土地に対する鋭敏な感覚を養い、それらを護ってやることが公園機構の大事な使命です。私達の仕事は、国の文部省と地域の学校との間に立って、三、四歳の幼児からから高校生やときに大学生までの環境教育を考え、そして共に実行することです」と言う。その対象となる地域は、フランス国内はどこの学校でも入るが、リュベロン地方の子供達の為には、特別なアクティヴィティのプログラムが組まれている。その中には時間がかかるのと、一～二時間の経験やビデオ学習といったものまである。

「公園機構が資金を準備して、週に三回、インストラクターがついて子供達と一緒にリュベロンの自然を歩きます。公園機構には地質と動物の専門家が二人常駐していますが、それで足りない時は外の協会から応援が来ます。免許を持った山歩きの専門家とか、植物の専門家であるとか」

その折り、子供向けの資料を作ることもあるそうで、彼女の手によった資料は『MAB』のマークが入っていた。これはユネスコによる、『人間と生物圏プロジェクト』として支援されていることを意味する。その資料の一部を見ると、今日のテーマである『生物の多様性』を子供達自身が確認する方法として、ワシやフクロウなどの猛禽類の生態と、土や水の中にいる昆虫の種類を見分ける観察の仕方を図解してあった。

「リュベロンのある山中に、アフリカはセネガルの近くから大ワシが飛んで来ます。子供達がこの生態を研究したいということで、二〇〇一年アフリカにインターネットのサイトを作りました。いまその村の人も一緒になって、この二羽の鳥を観察して護っています。これらの観察やインターネットの活動は学校で、そしてこの施設で一週間学習しました」

「最も時間がかかる活動の例としては、リュベロン地方の一三の自治体で、市役所と公園機構と学校とが協力して畑を作る仕事があります。一年に一三回、生徒達が土地を耕します。その農作業で身体を使うことを通し、子供達は生物が生長する過程を体感し、同時に理科や数学、芸術などを学習します」

四歳から一二歳までの子供達は、農作業や作物が生長するようすを、また収穫した野菜を調理する方法などを絵や作文で表現し、新聞として発行する。この活動には、EUや公園機構が資金援助を行っているという。

「子供達が地方に残る文化や技術に直接触れ、古老達と対話をする活動も計画しています。これまで地域の人達がどのようなくらしをし、今後リュベロンの土地をどのようにしていこうとしているのかを学習するためです。子供達にこれらをどう伝えるのか。遺跡や伝統的な建築技術もあります。これは文部省と相談します」

「ある学校の子供と先生たちが、村の歴史を勉強したいと公園機構に手紙を書いてきました。そこで公園機構が五日間の村内旅行や学習会、そのほか勉強のための資金を準備しました」

水利用をテーマにした学習では、村が共同で使っていた井戸や洗濯場の由来を確認し、年寄り達から聞いた話を録音したり、またビデオに録画して地域の歴史として整理しているという。そ

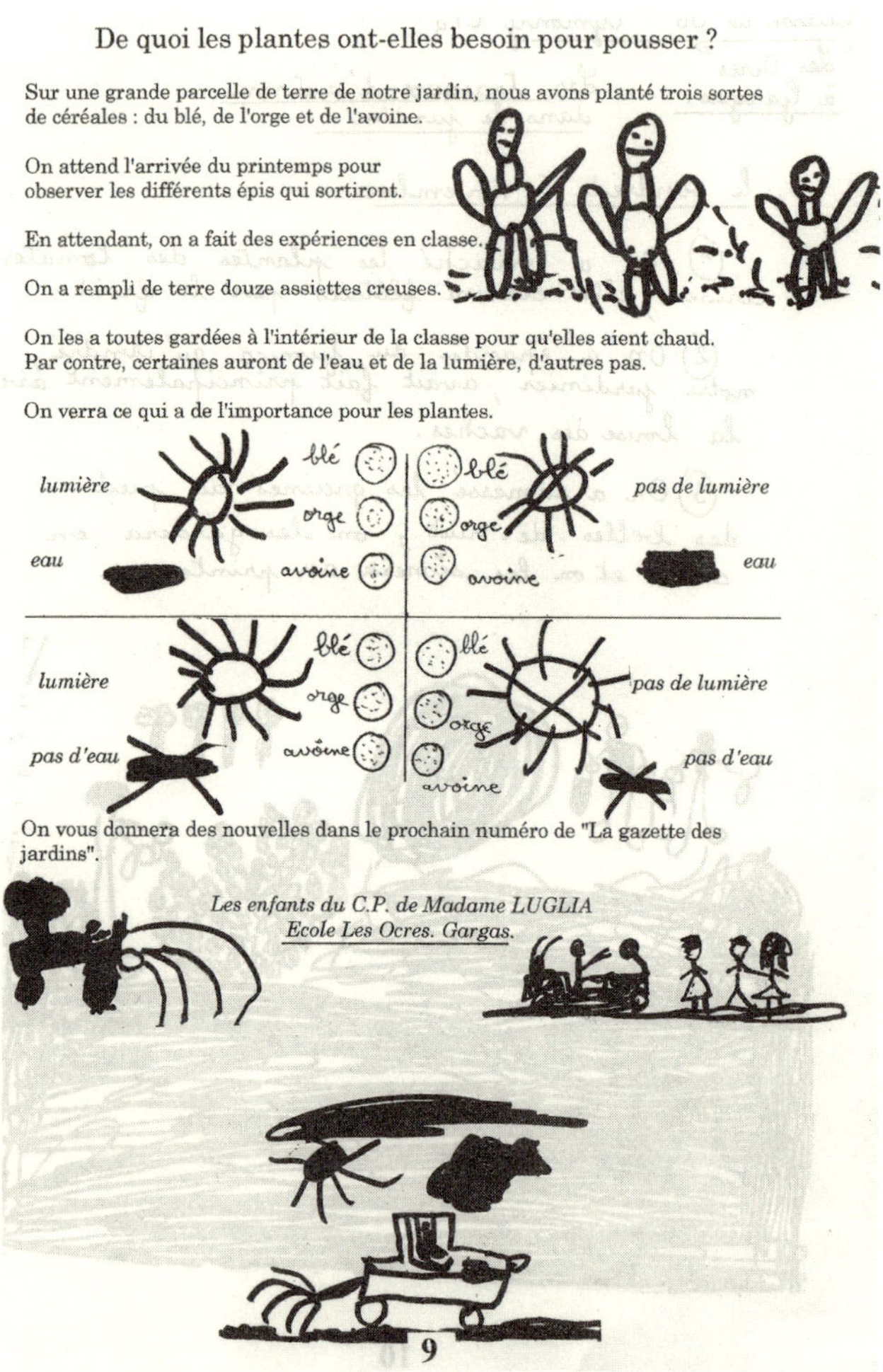

De quoi les plantes ont-elles besoin pour pousser ?

Sur une grande parcelle de terre de notre jardin, nous avons planté trois sortes de céréales : du blé, de l'orge et de l'avoine.

On attend l'arrivée du printemps pour observer les différents épis qui sortiront.

En attendant, on a fait des expériences en classe.

On a rempli de terre douze assiettes creuses.

On les a toutes gardées à l'intérieur de la classe pour qu'elles aient chaud. Par contre, certaines auront de l'eau et de la lumière, d'autres pas.

On verra ce qui a de l'importance pour les plantes.

On vous donnera des nouvelles dans le prochain numéro de "La gazette des jardins".

Les enfants du C.P. de Madame LUGLIA
Ecole Les Ocres. Gargas.

9

“La Gazette des jardins” には子供たちの書いた絵や文章がそのまま掲載されている

う言えば我々が最初にこの地域に着いた日、迎えてくれた子供達が案内してくれたのは、そうした村人が水を利用してきた古い施設であった。

ガエル女史は、私の質問にその都度具体的な資料を示し、次から次と明快な説明をしてくれる。時々、「キェー」という奇声を発するが、その後は決まって子供たちの様子が楽しく語られる。話の途中で、彼女は私達に施設内を案内してくれた。間もなくここに、パリから六〇人の子供たちがやって来るという。そのため調理室では二人の賄いさんが働いていた。食堂、学習部屋、ベッドルーム、かつての城館の造りは、今ほとんどそのままで子供たちの城である。館内を歩きながら、彼女の話は続く。

高校生になると教室の授業が増え、環境を現場で勉強する時間が短くなる。そこで高校生のためには、一年前から教材を検討する。いまリュベロンの高校に、地元のことをよく知っている先生が一人いて、彼女はこの先生と一緒に良いプログラムを探す。環境教育を計画するときに大事なことは、こうした先生たちとのコミュニケーションである。こういう詳しい先生が一人でもいて、他の先生が相談し始めると良い案が出始める。

一方、高校の先生は移動が多く、教育指導にあたる時間調整が難しい。そこで公園機構が計画を立て、子供の教育にあたっている。全部の学校にプログラムの資料を送っているが、中には修学旅行もある。かつてはポリネシアの〝生物圏保護区〟と交換学生を行ったが、これは国の環境省が資金援助をした。フランスの他の公園機構との交換学生もある。

子供達の感覚を育て、活動を起こす。ことの良し悪しを教えるより、もっと複雑なことを教えよう。例えば狼の存在を否定することは、羊を飼う人にとっても、もっと複雑なことがおこる。狼がいなくなれば生態系がどう変わるか。鹿は？

あのリュベロン地方で、ガエルさんは今日もきらきらと輝き、子供達に語り続けているに違いない。

―サステイナブルな都市開発―

二〇〇一年、スイスのチューリッヒ市役所で、『都市の持続的な開発』を担当するシュルテ氏と面談した。チューリッヒ市はスイスの経済、サービスの中心地で、人口三六万、近郊を含めて百万都市である。このプロジェクトは、一九九二年にブラジルで開かれた国連会議で、『環境と開発に関するリオ宣言』とともに採択された持続可能な開発のための人類の行動計画、『アジェンダ21』を、具体的な行動に移す『ローカルアジェンダ21』のスイス版であり、さらにチューリッヒ編であるという。

私は、正直言って驚いた。市役所にこれを具体化する担当部署があり、実際に市民との連携でこのプロジェクトを展開している。かつて、私も国内の『ローカルアジェンダ21』を策定する委員会に属したことがある。が、その後の具体的な動きは掌握していない。一体ここチューリッヒでは、何をどのようにやっているのだろう。

「都市の〝持続的〟な開発とはどういうことですか」

「まず一番に、皆で決めた目標に向かい、我々が行動を〝持続〟することです」

私は暫く、あとの言葉が出なかった。

「市では、このプロジェクトに一つの部署でなく、すべての部署が係わります。そして、都市の持続的な開発を『経済』、『環境』、『社会』の三つの視点で捉えます」

「まず継続可能な開発審議会をつくりました。市長、行政、財界、市民、環境問題の関係者、学者ら二五人のメンバーで、年四回開催しています。忙しい人たちばかりですので、事前に十分な調整を行います。今まで一人の欠席もありません」

「開発審議会でプロジェクト三部門を定めました。『市主体の取り組み』、『市民主体の取り組み』、そしてとくに『交通部門』です。各々を持続して取り組むことにしました」

「行政の重要な役割は、『市民活動の援助』、『一般へのPR』、『アジェンダの定義に合っているかの判断』です」

「市では全九部署から代表を出し、『持続的な開発とは』を話し合い、『交通騒音のない生活環境』、『自然の入った子供の遊び場』、『エネルギー政策』など、新規事業より既に行っている話題をあげました。二四件の提案中、まず四件を実現することにしました」

その市主体による四つのプロジェクトは下記の通りで、いずれも現在進行中と言う。

一、市職員の持続的な交通マネジメントについて。電車や自動車など、どのような通勤方法が魅力的か実施し、比較検討する。
一、市関係の購買について。例えば市の老人ホームでは、今まで価格の安い商品を求めたが、地域の店で買うことにし、無農薬の食品を選ぶことにする。
一、車の少ない住居地区について。実際にある地区で、外部車両の進入を禁止した結果、小さな子供を持った人たちが好んで住むようになった。
一、市の公共建物に、夜間安全のための照明を設ける。自然エネルギーを使う。
こうした市主体の事業に対し、地域住民が主体となるプロジェクトは、市民全体の運動とする前に、まず市民が実際に参加してもらえる二万人居住区で試行したと言う。

「まず地区民の意見を聞きます。全家庭へ説明文を送付し、区の新聞でも掲載して、地区総会でプロジェクトの説明をしました。商店へもポスターやチラシを置かせてもらいました。すべての住民に知らせる義務、これは市の最も大切な業務です」

「そして意見を集約。これをまとめ先の審議会でチェックし、プロジェクト化しました」

そのプロジェクトは下記の通りで、これらも現在進行中とのことである。
一、当地区には生鮮食料品店がない。組合を作り近くの農村から無農薬の食料品を購入できるシステムを作る。これは農家や農地の存続に、また農村環境の保全にも寄与し、地域経済の持続可能な開発となる。

一、当地区には市民が文化的な面で集まる場所がない。市が貸しているコーヒーショップを改築し、住民の要求に応じた、例えば音楽ができ店を経営できる借主を探す。地域の活性化は地域経済の存続につながり、持続可能な地域開発となる。

一、当地区は工業地区で外国人が多く、これまでスイス人との接触の機会は作っていたが、それを恒常的にできる場を作る。

一、市電を地下に通す。

「こうした運動は市民がイニシャティブをとり、行政がこれをサポートします。ただ市電を

チューリッヒ中央駅構内に設けられる周辺農家による市場

地下に通すという案、この事業化は、市がイニシャティブをとりました。ローカルアジェンダ21は、結局どのような問題にも取り組めますが、我々はとくに都市の持続的な問題として、『交通』を取り上げています。交通は住民生活の質、環境・エネルギーの問題と多様です。これらは周辺町村との話し合いをも要します」

この交通問題に対する展開は極めて興味深いが、これは改めて別の機会に紹介したい。とにかく私は、『都市の持続的な発展』は『持続的な地域社会の発展』に基礎を置く、極めて重大な本質を教えられた。面談の終り、私は半ば放心状態で次の質問を投じた。

「ローカルアジェンダを成功させる基本は何ですか」

「審議会で論議する理念と、住民が実際に目指す目標は分けます。現実の問題は住民が探します。行政はこれに幾つかの持続可能な課題を推薦し、決まれば必ず実行します」

「実際に継続して働くのは住民。行政はPR、情報面で継続的に側面から援助します」

「大きいプロジェクトより、小さいパイロットプロジェクトをまず選ぶことです。それでもこれらを軌道に乗せるには、最低でも四年はかかると思っています」

シュルテ氏はとうとう最後まで、一度も真っ向構えた私に剛速球を投げてこなかった。

――自然と人間との新たなつきあい――

チューリッヒ市街の森に囲まれた閑静な居住区の一角に、〝自然と人間との新たなつきあい〟を研究テーマに掲げる頭脳集団が事務所を構えている。ノーベル賞受賞者を八人も出した、チューリッヒ連邦工科大学の大学院付属研究機構である。予算面で国が補助し、州の行政も入り、十数名の教授を中心に一五〇名程の院生がその研究に参画している。

そこに私を案内してくれたアキム氏は、身長が二メートルを越す大男で、この研究機構の学生研究員である。空手を修業していると聞いたので、挨拶代わりの土産に稽古衣を準備したが、巨大な特注品となった。

「研究組織は方法論的に分けると、二つのチーム編成です。まず一つが国際的な環境問題に対し、自然科学と社会科学の接点から多方面に研究します。そして、その結果を同じテーブルで再度議論し、それらの情報を科学的な方法で一つにまとめ、問題解決に迫ります。その一方で、もう一つのチームが銀行、企業、学校などの実社会と連携し、その研究結果を実社会に適用します」

「この研究組織を実効的に活かすため、前者のチームは四グループに分かれ、後者のチームが関わる実社会のことも研究テーマに掲げています」

「その第一グループのテーマは『ライフサイクルマネジメント』、一般には製品の原料採取から生産、消費、廃棄までの環境に与える負荷を最小限にすることですが、ここでは温泉などの土地利用も含みます。企業にとっても有益な産業システムのモデル化と、環境評価を行っています」

「第二グループは、廃棄物による環境汚染防止の中でも、『土壌保全に関するマネジメント』をテーマに、産業のあらゆる工程で土壌に与える影響、またとくに人々が危機感をもつ、土壌の汚染度から判断する野菜などの食品安全基準が本当に正しいのか。今までの、また将来の土壌汚染をどうするか。技術や政治的な解決方法も含め研究しています」

「第三グループは、環境問題の改善に向け、企業が果たすべき責務に対し、『銀行の持続的支援システム』を研究しています。銀行の経営が持続するには、地域経済の持続的な発展が不可欠です。今日の企業経営は、環境を犠牲にして持続的な発展はあり得ません。そこで、企業の環境投資が単に企業イメージだけでなく、エコロジー面でも社会・経済的にも妥当であるか判断できるよう、評価基準を示します。自然を護る企業に銀行が投資し、その企業が発展すれば相互にプラスとなります」

「第四グループは、自然が脅かされている状態を人々がどう認識するか、『環境認識』をテーマに研究し、また情報を提供します。ここには心理学の専門家が参加し、例えばリサイクルについて、人々がそれを実行したくなるように、食料も無農薬野菜を買いたくなるように情報を流します」

その中に、ゲーム形式で子供のまたは大人の環境教育を行う、心理学シミュレーションと呼ばれる興味深い取り組みがあった。

「まず年収を入力します。年収で買う物や質も変わりますので、最初のデータとして必要です。そして、スイスの何パーセントの人々が近郊農村の無農薬野菜を買うか、また外国産の肉と野菜を購入するかを予測します。その前に、失業者、農業従事者などの社会経済的な条件を入力しておくと、この人々の行動結果が地域の失業率、自然環境、農地土壌汚染に及ぼす影響を予測できます。そのとき、土壌汚染は科学的な予測数値を使います」

「実際にこれを、ある小学校で実験してみました。最初は、環境に悪い食品を購入するデータを入力しました。例えば、成長ホルモン剤を使った外国産肉、化学肥料を使った野菜などです。そうすると、失業者の数は増え、農業従事者は減ります。そして地域経済は低下し、農地は減って、土壌汚染も深刻化します。これらをグラフで表示し、同じ行動が六年間継続された場合の予測をコンピュータモデルで示しました」

「次に地元から健康食肉や無農薬野菜を買うように変えて入力すると、先の悪循環がすべて改善された結果がアウトプットできました。すると、実験後のアンケートで、子供たちの食べ物に対する意識が変わっているんです。一種の環境教育です」

「現在、取組中の国際的な環境問題は、一九九二年のリオ環境宣言、温暖化防止条約にうたったCO2の削減についてです。一九九七年の京都宣言は、初めて世界が共通の課題に取り上げた、極めて重要な会議と位置付けています。しかし、二〇〇一年のオランダ・ハーグ会議では、細かい政治的な問題ばかり検討して、各国が一致できませんでした。もっと自然や社会の多方面から検討しなければ前進しません」

「先進国と発展途上国との間のCO2の議論は、例えば二パーセント削減するのに、産業や銀行はどのような条件であれば投資したいかとか、それで自然保護になるかとか。途上国の意見も聞き、同じ土俵上で協議する必要があります。問題は金を出すところですが、国際会議の中で世界の各銀行が自然保護のルールを定めています。そしていま、世界中の銀行がエネルギー、自然保護、温暖化の対策グループに投資する際の、判断基準が課題です」
「自然科学で重要なこと。一つは人間が自然を汚染することをどうするか。物質循環を分析し、政治的なかかわりをもつことです。もう一つは、人々が自分の生活の質と、環境の質との関わりを理解できるようにすることです」

私がこの研究所を訪ねた折り、十数人ほどの院生がこうした問題に取り組み、ディスカッションしていた。彼らが普段から、どれだけ国際的な社会問題や、地球規模の環境問題を肌身で認識しているか、また四方海に囲まれた日本の長閑さを、今更ながら実感した一日だった。

自然と人間の関係を考えるスイスのポスター
(写真提供：F. Hoppler氏)

―持続可能な交通―

大都会で、目的地にどうやって行くか。交通手段は、徒歩、車、電車など、多くの選択肢があるなかで、『市街地の自動車を減らし』、『経済的で快適に移動する方法は』、『多様な交通機関の拠点を集中し、また分散する方法は』、といったことを市役所、市民、鉄道、市電、バス会社などが連携して話し合いを進めている。

スイスの経済とサービスの中心地、近郊を含め一〇〇万都市のチューリッヒで、『持続的な都市開発』の施策として『交通対策』が掲げられていることを前で少し触れておいた。我国でも多くの都市が、こうした交通対策を進めている。ここで興味深かったのは、ローカルアジェンダ21、『持続発展可能な都市開発のプロジェクト』として、この交通問題が取り組まれていることである。そこでは当然、利用者の利便性だけでなく、市民生活の質やエネルギーなどの環境問題といった、多様な取り組みがなされている。このテーマに関しては、スイスでは地方の観光地や過疎地でも論議されている。

前にも紹介したが、チューリッヒ市では、都市の持続的な開発を『経済』、『環境』、『社会』の三つの視点で捉えている。その上で『市行政主体の取り組み』、『市民主体の取り組み』、そしてとくに『交通部門』の三部門のプロジェクトを設定し、『交通騒音のない生活環境』や『自然に触れ合える子供の遊び場』、『エネルギー政策』など、いずれも持続的な都市開発のプロジェクトの一環として現在進行中である。

例えば市職員自らは、電車や自動車などを使うどのような通勤方法が魅力的かを、実施し比較検討して、持続的な交通マネジメントのあり方を追求している。

また市民主体の取り組みでは、実際の居住区で子供たちの環境を考え、外部車両の進入を禁止した結果、小さな子供を持った人たちが好んで住むようになったという。この二万人住居地域では、他のプロジェクトにも市民が実際に参加し試行している。

市の担当、シュルテ氏の話を再び導入しよう。

「ローカルアジェンダ21は、結局どのような問題にも取り組めますが、我々はとくに都市の持続的な問題として、『交通』を取り上げています。交通問題は、住民生活の質、環境・エネルギーの問題などと関わって多様です」

「通過交通、騒音、排ガスなどが、住民の生活の質を損ないます。車の過半数は市外から来て、市内の道路は混雑します。これを規制するには、周辺の地域を含めて検討が必要です。市内外の町村で、代表者会議による話し合いをしています」

『住民の生活の質を損なう』点については、二〇〇一年秋に問題リストを作成し、自動車協会、政治家、州、市町村へ資料を配布して、問題点を抽出してもらいました。これを受けて、審議会が持続可能な三つのプロジェクトを紹介し、これを実行しています。

一つは、交通アドバイス機関を設けることです。例えば目的地にどうやっていくか。道順ではなく手段です。徒歩で、また車、電車を使うとか。市街地の自動車交通を減らし、経済的で魅力的な移動の方法は、交通拠点を集中分散する方法は、といったことを鉄道、市電、バス会社が連携して考えます。

二つめは、買い物センターをつくることです。それは町の中心地または郊外を新たに開発するという、これまでの固定観念ではありません。例えば、鉄道駅など公共交通の拠点となる都市空間を、このために再開発する。そうすれば、市街地の交通量はさらに減らせます。これは周りの町村を含め、共に協議して実施しています。

三つめは、市電やバスの年間利用券を買うと誰でも駅で車を借りられる、カーシェアリングというシステムをつくりました。自分で車を持たなくても良くなり、例えば日常に乗降する駅から勤務先や目的地まで、駅を拠点に車を借りられるわけです」

このシステムはチューリッヒ州で既に稼動しており、ある地方公務員の人は実際にこのステッカーを貼った車に乗って仕事にも使っていた。

こうした持続可能な都市開発を目指し、その交通システムを定着させるため、市役所のローカルアジェンダ21のプロジェクトチームは、関係機関との意見調整を対話方式で進めているという。

「例えば、まず最初に、『どうすれば車に乗りたくなくなるか』と問い掛けます。それに対し、「車での移動を不便にする」、「駐車場を減らす」といった答えが返ります。すると、「それでは交通渋滞が慢性化する」、「そうなれば経済も衰退し」、「環境も悪化する」という意見が出ます。そして、「やはり公共交通を充実させる」ことが待望され、「そうなれば車に乗りたくない、公共交通を使

都市の再開発事業で開放された駅構内を建設
地下はダウンタウンと命名された商店街

いたい」というように思考が循環します」

「一方、市の方では、同じテーマで道路の新設も進めています。チューリッヒ市はかつて工業が盛んでしたが、いまはサービス業や住居地域として、土地利用、空間利用が求められています。そうした地区で、この土地をどのように再開発するか。一部を公共に使い、代替補償として土地の建蔽率を上げる、ということを工場の持ち主と話し合います。

例えば、かつての工場敷地の緑地を公園として残し、そこに道路を通そうということが合意され、道路用地だけを市が購入し、土地の協力契約を結びました。地主はこれを強制されるものでありませんが、こうした取り組みも持続可能な開発と考えています」

現実に、車での移動を便利にする施策だけが先行し、「交通渋滞が起り、経済が衰退し、環境が悪化する」という悪循環を我々は経験している。どこかで、ブレーキが要る。

「都市の〝持続的〟な開発とは」という私の質問に対し、「まず皆で決めた目標に、我々が行動を〝持続〟することです」というシュルテ氏の回答を、ここでも深く思い起こす。

四、共生型社会に求められるもの

―森の復元―

二〇〇一年三月初旬、高知に来られた作家のC・W・ニコルさんと久しぶりに会食をした。たくさんの四方山話の中で、彼の話された〝サケの死に場所〟の話が妙に私の琴線にふれ、以来ずっと心の隅に残っている。その話の概略は、次の通りである。

「現在、カナダでニコルさんの知人たちが進めている自然復元運動の中で、川にサケが遡上し産卵できる環境を整えてみたが、これが帰ってこない。

一方で森の土壌成分を研究してみると、森には海にしかない成分が入っていることがわかった。考えてみると、サケは遡上し始めると川では餌を食べない。従って、川を遡って死ぬサケの体には、十分に海の成分が含まれている。それが分解され、あるいは熊や虫たちに食べられることによって、海の成分が森に入るのではないかという仮説もある。

そこで、死んだサケを籠やリュックに入れて森の中に置いてくる取り組みを始めたところ、サケの遡上が始まった。

森の物質が海に行く、というのは言われているが、海から森に行くこともある。これは輪廻である」

この話に先立つ五年前、私は宮城県気仙沼の畠山重篤さんから、『森は海の恋人』というフレーズで強い印象を受けたことがある。彼は、カキやホタテガイの養殖一筋に四〇年近く生きてこられ、科学や文学のセンスも非凡であり、それらを織り交ぜた話も説得力があった。彼は国内外の多くの漁場を見て、またこれまでの経験から「豊かな海は豊かな森で支えられている」ことを強く確信したという。そして、気仙沼湾に流入している大川の上流に存する室根山に、一九八九年以来ずっと植林をされているというのである。私はその養殖場の海域と大川の流域

畠山さんがカキ養殖を営む宮城県唐桑町舞根の港

の様子を実際に見たくて、すぐさま気仙沼を訪ねた。私の期待は裏切られなかった。養殖筏の浮かぶ内湾の海水は青く澄み切って、彼が建設したという木杭岸壁の周辺には、カニや小魚など無数の磯の生き物が群れていた。こんなに生きものがたくさんいる磯を見たのは本当に久しぶりであったが、そこにまた水揚げされてきたカキの肉を見て、私は思わず驚嘆の声をあげた。

この磯の生きものと森との関係、とくに森の腐植土との関係を北海道大学の松永勝彦教授が科学的に研究されている。腐植土というのは、枯れ葉や枯れ枝が微生物によって分解され、鉱物と混合して形成されたもので、松永教授は「有機物質は、多くの金属と結合する機能を持つ腐植物質や有機酸を生成し鉱物を分解する。この生物的風化が、森が海に果たす役割としていちばん重要な働きである」と言われている。

話は跳ぶが、スイス最大の都市チューリッヒ市を南へ少し離れた所に、約一万年前の氷河期のあとにできたブナの原生林と、それを取り囲む約二、〇〇〇ヘクタールの森がある。いまここを商業的な開発から護り、経済林を自然林に返していく事業が進められている。その際に、この森の特徴を土壌、地形、地質、湿潤状態などの違いで五四種類の森林パターンに分類し、これまで何気なく見過ごしてきた崖地や水溜りといった風景の成り立ちや自然界での生態学的な意義に着目している。

私自身、こうしたスイスの森づくりを深く知りたいと思い、この森をはじめ多くの現地の森を訪ねたが、そこにはいつも一貫したスイス独特の伝統的な森林管理の考え方があることに気づいた。

例えば、林業を目的とする場合でも、林内の土壌と気候を皆伐によって外気にさらすことを戒め、天然更新による樹齢や樹種の異なる自然植生の混交林を育て、択抜方式で材木を切り出している。この材木を搬出する方法でも、自動車用の林道を開設することよりも、森林の土壌や気候を護るために、冬に馬を使い橇で運び出すことを選択している地方もあった。この馬は、ほかの季節は農家に預け、観光用に活用されている。

しかし、このスイスの森からも昆虫や鳥や哺乳類など多くの動物がいつしか姿を消している。かつての造林方式では、林縁部への配慮が足りなかったからだという。鳥類学者たちは、その重要性を早くから指摘していたといわれるが、一九七〇年代からの「近自然」運動で、ここに本来の自然に近い潅木や草本類の生育する環境の復元が始まった。その際の基本的な考え方は、河川の場合と同じく人間の手と自然の回復力の協同作業で、林縁部を自然に帰す最後の主役は、太陽や風または昆虫や鳥などの動物たちであるという。こうなれば、非常にきれいな世界である。

そうしたスイスの森づくりに対して、かつて人工美林を育て、世界中で賞賛されたドイツの森づくりにもいま新しい動きがある。その具体的な森林管理のプログラムとして、『林縁部の整備』、『林内の湿地帯の保存』、『自然のままに放置された個々の腐食木や枯死木に対する理解』という項目が掲げられている。そしてさらに、その本質を広く国民レベルで理解するよう、次のように訴えている。

「健全な森を育成する前提となるのは、単に森林を自然に近く管理することを考えることだけではない。それを理解する国家政策と世論が、同時に必要である。地球破壊者の発想の転換が求められている。人間以外の大地の受益者にも、自然を返さなければならない。この道を取る以外、人間社会に明日はない。認識論的な基礎は、個別的な専門知識に優先する」（Hermann Graf Hatzfeldt, 1994: Okologische Waldwirtscaft）

自然科学の発展が近代化に果たした役割は計り知れない。しかし、自然に関して我々が知り得たことは、まだほんの一部である。いま地球環境を護るのは、科学的な理論ばかりでなく、こうした現実を認識する目も必要である。朝靄の中に木漏れ日が射す森へ、薪を取る祖父について行った少年の日のことを、何故かふと思い出した。

――北　上――

一九九六年三月一八日、千歳空港を定刻一三時三〇分より若干遅れて離陸したジェットが、やがて花巻空港へ着陸のため低空飛行に入ると、窓から見下ろす下界は白一色の世界であった。登別で近自然河川の講習を終えた帰りに、私は札幌在住の通称〝どろ亀さん〟こと東大名誉教授の高橋延清先生と合流し、以前から約束していた北上川河畔にあるヤナギ林を見ようと北上市へ向かっていた。一九一二年生まれの小柄などろ亀さんには、見るからに屈強な（失礼）お付きの永野京子さんが同行された。空港への出迎えは、件のヤナギ林の対岸で、展勝地という場所にレストハウスを構える軽石昇さんが来られていた。彼は短髪に頭を刈り込み異様な風体ではあったが、言葉の端々からは誠実な人間性を感じさせていた。

軽石さんの運転する四輪駆動のジープは、花巻空港から北上川に沿って南下し、目的地に向かって走った。外は何時の間にか夜の帳が下り、車窓からの雪景色は、ライトの前方に白い塊が浮かんでは後方に消える世界がずっと続いた。ときおりその降りしきる雪の向こうに、黒々とした帯状のうねりがライトに照らし出されることがあった。それは、白い着物を着て雪原を歩く、女の肩に揺れる長い黒髪のように私には思えた。これが、いつか一度は訪れたいと心に強く惹かれていた『北上川』との最初の出会いであった。それは、遠く青春時代にイメージした、物悲しくも美しい『ヤナギ青める北上川』とは対照的な、白と黒が卍巴に揺れ動く幻想的な無声映画の世界であった。

翌日はすばらしい晴天で、ホテルの外は一面の銀世界であった。その中を流れる北上川は雲一つない空の色を映し、深みのある真っ青な流れをとうとうと繰り出していた。その北上川沿いの国見山には、縄文時代の住居跡や環状列石の遺跡があり、北上市立博物館の野外施設『みちのく民俗村』が開設されている。実はこのどろ亀さん、一九九二年にこの民俗村が開村されて以来、その村長に推されている。そして、ちょうどこの麓が展勝地で北上川河畔に位置し、軽石さんのレストハウスがある。そこでどろ亀さんはこのレストハウスにもよく来られ、ゆったりした板敷きの広間から窓外に広がる北上川の景色を、すっかり気に入られているわけである。そのとき、我々もその広間に案内されたが、問題のヤナギ林はその対岸の真正面に見えた。このヤナギ林を切り払う計画があるという。どろ亀さんは、それが納得できない。それで私に「その理由を説明せよ。もし切らなくて済むものなら、これを何とかしよう」、というわけであった。

我々はその日一日、現地や上下流のとくに護岸工事の様子を見て回った。そしてその結果、多分これは従前の河道計画の基本的な考え方で、河道の樹木は伐採するという方針がまだ生きているのだろうと判断した。時代が変わったいま、その計画は反故にすることができるかもしれない。「新しい時代の河川工法は何に着目し、どのような技術を使うのか」、誰も通らない小さな橋の上で我々は雪を集めて川の模型を作り、長い時間それらのことを語り合った。そしてこれはもう、河川管理者と膝を交えた話し合いをしてみようということにした。これは三ヶ月後、その年の六月に実現した。

ところで私は、この日に見て回った北上川河畔の風景をよそ目に、流域に開ける農村風景、とくに点々と屋敷林が散在する集落の美しさに、はっと何度か思わず固唾を呑んだものであった。それは、雪景色で見る散居集落の佇まいである。近世以降に行われた農村の開拓様式で、火災や洪水を予防するためや地方独自の土地制度によるといわれるが、家屋が一軒ずつ分散している集落である。長い歴史の中で、防風のためなどで屋敷を囲った木立ちが立派になり、落ち着いた風景を演出している。地方によっては、東側に桃や柿などの実のなる木、南西側には建築用の杉や欅など、そして北側は湿気が多いために竹を植えているという。

そして三ヶ月過ぎた六月二九日、国や地方自治体の河川行政官や民間の河川に関わる人たちが、展勝地レストハウスに集まった。このとき私は、愛知県の名古屋空港から花巻空港に飛び、今度は空から緑鮮やかに広がる水田と、そこに分散する屋敷林に囲まれた孤立荘宅の様子をしっかりと目に焼き付けることができた。そして次に、花巻の円万寺という古刹のある観音山からも、改めてこの散居集落の様子を観察した。明治から大正そして昭和の初めにかけ、教育者として活躍された新渡戸稲造の祖先が、二二〇年余りにわたりこの地の新田開発などの地域開発に尽くされたという。また、石川啄木や宮沢賢治もこの土地、風土に育てられている。「その土地の景観は、そこに住む人々の思想や文化を伝える」と、スイスの景観の専門家が言っていた。

花巻市観音山から望む北上盆地の散居集落

そうした土地柄なのか、レストハウスでの会議には異なる立場の人の話によく耳を傾け、自らも建設的な意見を述べる人たちが参集していた。そのあと現場にも立会い、まる一日をかけ互いの意見を交換した。「この土地の人たちはすごい」と私は感じたが、それでも心の底では、「やはり、ヤナギは切られるだろう」とこれまでの経験からそう思った。虚しいが、しかし、こうした種は時がくれば必ず芽を出すといつも信じてきた。

その後何ヶ月かが過ぎ、私のもとに一通の便りが届いた。軽石さんからで、文面に「あのヤナギ林が残されることになった」としたためられている。私は「やはりそうか」と、早速、どろ亀さんに連絡しておいた。

どろ亀さんにいつか再会した折り、えらく礼を言われたが、それは決して私の所為ではない。しかし、どろ亀さんの私に対する持ち上げ方も妙なもので、ある雑誌に私のことを紹介された際、「そこで君のこと、実力以上に誉めておいたよ」ということである。因みにこのどろ亀さん、東大教授のとき一度も教壇に立つことなく、北海道の東大演習林で『伐る森から育てる森へ』、『伐るほどに豊かな森に』を実践され、世評名高い『林分施業法』を確立されている。いまでも森の中を、ひょいひょいと歩かれる。

――景観保護――

一九九一年の二月、「多摩川支流の平井川で行われている河川改修の現場を見てほしい」という、東京都秋川市の女性からの要望で私は上京した。つい先刻まで丘陵地を流れる山地河道の自然が保たれていたであろうと思われる現地は、河道の拡幅と周辺の土地開発のため、ところどころにかつての河畔林や崖地を残した状態で、コンクリート主体の改修工事が進められていた。

当日の会場は、平井川に架かる橋の袂を川沿いに曲がった、道路に面した集会所であった。その道路縁の川岸には、江戸時代後期か明治の初期に植えられたという樹齢一〇〇年を越すケヤキを中心に、クヌギやサクラの木が二〇本ほどまだ残されていた。これらの木々は、その当時の改修計画では邪魔になり伐採する方針であったようで、私はこれらの樹木の保存には触れず、もっぱら水辺の生き物たちの環境づくりについて議論を進めた。

しかし、その後の成果は、私の力不足もあり〝いま一歩〟の感がするが、件の古木群は、地元の人たちの努力で今日まで無事に残されている。ケヤキの古木は別の場所に移植しようということが、私が現場を見た後に河川管理者と地権者との間で一時決まったそうである。ところが、この木の根切りをする当日の朝、その木の根元に一台の車が止められていた。そして、作業しに来た人たちに「二日間、待ってほしい」と伝えた。冒頭の秋川市の女性である。土地の人たちとの再々度の話し合いで、「やはり、この場所に残したい」という意見が河川管理者側に通じたという。

ところで、問題はこれからである。この古木群にふさわしい周りの環境が整ってくるのは、これからさらにどれだけの歳月を要するであろうか。

二〇世紀のわが国は、人類史上に例のない速さで経済成長を遂げ、世界の工業先進国に名を連ねた。科学技術の発展もこれに大きく貢献し、確かにわが国は豊かになった。しかし、かつてない規模で国土の改変を行った結果、山紫水明とうたわれたわが国の美しい自然や農村の風景を傷つけ、また多くの場所で失った。「何のための、誰のための開発だったのか」。いま人々の心に、「真の豊かさとは何か」という問いかけがなされている。

日本語で〝景観〟と訳すドイツ語の〝ランドシャフト〟という言葉は、〝都市や集落〟に対し、森や農地の広がる〝自然を中心にした地方〟という概念をもつことは先に述べた。スイスを代表するランドシャフト保護運動家で、かつて第一回国際水辺環境フォーラムで来日されたハンス・ヴァイスさんは、その折り、この〝ランドシャフト〟または〝景観〟を保護することの重要性について、それを三つの要素に分け次のように解説されている。

「一つには、『国民経済の資本としてのランドシャフト』を理解すること。物質的レベルでのランドシャフトは、我々がそこから利益を得て、その中で生活し、さらに我々人類自身がその一部を構成しているという複合生態系である。つまり、食料を供給し、自然の営みを保護し、そして人々に保養を供するという、国民経済にとって不可欠な基盤である。自然なまたは自然に近いランドシャフトでは、これらの機能はしばしばあいまいな遷移領域で接して、多面的な環境を提供している。

しかし、近代のランドシャフトにおける工業化とサービス業化の影響は、これらの機能を分離し、自然と文化の多面性を損なわせている。この単一機能化された『保護』と『保養』の部分は、人間がここに手を加えたそれ以上の技術と費用によって、保全と修復を図らなければならない」

「二つ目には『歴史的遺産としてのランドシャフト』を理解すること。現在のような技術や経済が優先するめまぐるしい時代では、過去との特別な関係を保持することや、ときに対決することも必要である。一方、ランドシャフトの中では、人類の進化の歴史や文化史などのような、我々自身の過去が未だに生きた世界として体験でき読み取ることができる。それに対し、博物館ではそれらは遺物や死物に限られている。

自分たちがどこから来たのか分からないなら、どこへ行くのかも分からないだろう。過去なくして、未来はない」

「三つ目に『精神的滋養としてのランドシャフト』を理解すること。ランドシャフトは自然の芸術に似て、人間やその欲求に依存しない固有の価値を持つ。さらに倫理的には、『自然が持つ権利』も説かれている。自然とランドシャフトを単に人類の欲求を満たすだけの対象や資源とみるなら、人類にとっても生命的な意義をなす大切なモノを失うことになる。それは、現在の技術で破壊できても創造することはできない、モノの価値を経験することである。

自然ランドシャフトの破壊により、我々は自ら

歴史的遺産としてのランドシャフト（提供：ハンス・ヴァイス氏）

の生物学的、文化的さらに精神的な存在の根源を同時に失うことになる。スイスの地理学者エミール・エグリは、ランドシャフトには多様なビオトープばかりでなく、我々の心がそこで精神的滋養と故郷や我が家に居るという安心感を得る『サイコトープ』が存在すると言う」

スイス近自然河川工法の草分けであるクリスチャン・ゲルディさんは、このハンス・ヴァイスさんを彼らのグループの『ボス的存在』であると言っている。いつの世も、技術はその時代々々の欲求によって開発され、進化もする。時代が変われば、正しい技術は新しい思想の基にまた再編成される。思想なき技術は、ときに殺人剣となる。

この原稿を執筆するに先立ち、秋川市の件の女性に電話をしたところ、そのお母さんが出てこられ「あのケヤキは、今も川端で涼しい木陰を作ってくれていますよ」と教えてくれた。二一世紀の公共事業は、『景観』を保全し、修復していく使命があろう。

――歩くという基本運動――

二〇〇一年九月、東シナ海を北上していた台風一四号の影響は、一一日夕べから一二日にかけ、東海地方に『百年に一度の大雨』を降らせた。その被害は死者九人、浸水家屋約五六、〇〇〇戸に達した。丁度この時、私は長野県で河川工事に携わり、一二日夜に福岡県入りして、一三、四日とまた河川工事に関わった。そして翌々一六日、三重県海山町を訪れた。この地方は、大台ケ原を背にし雨量の多さはわが国でも有数で、私がこの地域に入った午後も、まだ九州南西海上にあった台風一四号の影響で、時折り篠突く雨が車前方の視界を遮った。

この日の夜、海山町に周辺の尾鷲、紀伊長島、遠くは名古屋、東京からも、これからの地域づくりを考える行政や市民、また多様な業界人が集まった。話題の中心は、とくに海山町を流れる内頭川の再生と、それに関わるまちづくりである。内頭川は船津地区（一四六世帯、三六〇人）の谷水を水源とし、船津川に注ぐ延長約二・五キロの小河川で、近年までウナギやドジョウ、メダカなど数多くの生きものがすみ、子供たちが水遊びに興じる生活に密着した川であった。しかし、いまではコンクリートの護岸改修が進み、家庭排水が流れ込んで環境が大きく変わってしまった。

ところが、その変貌した内頭川に『ばんた淵』と称され、まだメダカの生息する場所が残っていた。そこで、地区の有志が「この周辺の自然を後世に」と立ち上がり、これが地区全体の運動として盛りあがったのである。因みに、この船津地区は老人人口（六五歳以上）一〇三名で、全人口の三〇・五パーセントにあたる。地区内では多くの住民の人たちが、朝、夕に散歩する姿が見られるという。「後世にふるさとの自然を」というのは、全国のこういう人たちが持つささやかな、しかし共通した熱い思いであろうか。

私は、この地域の人たちと交流するうち、朝、夕、心静かに歩ける〝道〟の尊さを、ふと思った。自然の豊かな風景と、その辺をゆったり巡る散歩道。これからの高齢社会の地域には、これが必要なんだと。この〝野道〟は、その昔、この地方の〝熊野古道〟を歩いた旅人たちの心につながっている。「来し方、行く末を思い、いまを健康に生きられることを願う」道である。譲っていただいた案内書には、「巡礼姿の旅人が、極楽浄土を夢みてたどった熊野街道」と紹介されていた。

この時を遡る六月一七、一八日、同じ三重県は鈴鹿市で地元の市民グループを主体とする里山保全活動に参加した。鈴鹿山脈と伊勢湾のほぼ中程に日本武尊を祭神とする加佐登神社があり、この本殿北に武尊の霊が白鳥となって飛び去ったという伝説の白鳥塚古墳がある。今回は、その丘陵の麓の環境を生態学的な手法で整備しようというもので、私の役割は、その御陵に至る参道や水路を補修するにあたり地元の人たちに近自然工法の概念を紹介し、現場作業に実践してみることであった。

参加者は小学年からお年寄りまで、また様々な職業の人たちがいた。この数年、私は気づいていたことがある。それは、本来の河川や森のはたらき、そこで生きる自然界の生きもののことについて、どのような職業や年齢に限らず誰もが関心を持ち、そしてそれらに対し優しくなれることであ

三重県鈴鹿市：加佐登神社での里山保全活動

る。そして、これは意外であったが、多くの人たちが自然の石を積んだり、組み合わせたりすることに興味があり、また現場作業にも実に楽しそうに参加するのである。

顧みれば、人間は道具を使うことで他の生きものから離れ人間社会を創造した。その道具の始まりは『石器』である。科学技術がいかに発展しても、人間が素朴な道具を使い、モノを作ることに興味があるのは当然である。また、『石を組む』ことも人類の原始的な行為であり、身につけた技術の起源である。その造形の過程でも、完成したときでも、そこに現れるフォルムはそれらの文化的なシンボルである。そこに生き残ってきた確かな技術は一定の法則性を持ち、その形はいつも美しい。人はそこにまた、郷愁に近い感懐を覚えるかもしれない。御陵への参道は、階段の〝蹴上げ〟を補修したが、小学生たちが周辺の草むらに散乱していた卵形の丸石を集め、お年寄りたちがこれを土中に打ち込み、隙間に詰め石を玄翁で締めた。

世界自然遺産、屋久島の龍神杉に至る登山ルートを「近自然工法で整備せよ」という事業にも携わった。それに先立ち、私が参考にしたのは、本島上屋久町、戦国時代末期の遺構とされる楠川山道であった。そして、当事業の目標を次のようにうたった。

一、現場に使う材料は外から持ち込まず、その約一五メートル以内で調達する

一、現場での各種作業は、道具を始め工法まで基本的に伝統技術を用いる

一、それらの造成から維持管理までの技術を、後世に向け地元に残す

現場では、周辺の大石、小石を寄せ、それらの形状を生かして自然の地形に沿って組み合わせた。険しい斜面には石垣を築き、巨岩や危険な巨石の重なる急斜面では、これらに大技小技をかけて全体を安定化させ、そこに人間の踏み分け道を取り付けた。

先般、この屋久島の事業報告をするため、私は環境庁や登山家たちによる国立・国定公園での登山道のあり方を検討する会に出席した。そこで、「歩くということは、極めて重要な意義を持っている」という話があった。まさに、そうだ。わが国は、高度経済成長を遂げるため短期間で全国総合開発をなし、全国ネットの経済基盤を整備した。その実感を冒頭に述べたが、台風一四号の影響による東海豪雨の最中に、図らずも私は関東、九州、紀伊を駆け巡り、これを再確認した。そして、これから必要なものも。

私の祖父は、明治、大正、昭和と生きた。子供心に強く印象に残る姿がいくつかある。褌一挺で捻り鉢巻、仁淀川の河原から砂利を上げ、でこぼこの国道を修繕している姿もその一つ。あれから幾歳月。もうこのように、時代の変化が早く流れることはないだろう。

――近自然登山道――

私は本格的な登山を経験したことがない。その登山道が近年、ひどく荒廃しているという。二〇〇〇年九月、登山家の田部井淳子さんが座長を務められる、国立・国定公園における登山道のあり方を検討する会に呼ばれ、かつて携わったことのある近自然登山道の整備手法を説明しに行った。

世界自然遺産の屋久島で、現地発生材を使い登山道を手がけた頃は、そんな実情は露ほども知らなかった。そのときの発想は、当時の上屋久町長によるものである。私は年間降水量が六〇〇〇ミリを越す島の山腹急斜面に、それまで河川で施した工法がそのまま活かされるとは思ってもいなかった。また河川で野石をあるがまま組んでいた技術が、日本の城石垣を築く伝統技術と合体し、さらにグレードを上げ登山道に適応できるとは想像もしていなかった。現場でこれを実現したのは、土佐の石工職人、小松総一氏である。

あの時、上屋久町長の要請で、私はとりあえず現地の実情を視察した。旧来の登山道は踏み分け道で、そこを多くの人が往復して表土が剥がれ、さらに降雨で土壌侵食が広がる悪循環が繰り返されていた。それに対する補修は、中小石や風倒木を使った階段や飛び石である。それをまた人間が踏み歩き、雨水が周りを侵食してガタガタになる。そのため近年は耐久力のある木製やコンクリートの二次製品が入り、遊歩道のような歩きやすい回廊が原生林の中に出現していた。

それに対し上屋久町長の提案は、四〇〇年以上も前に秀吉の命で島のスギを切り出すため敷設したという作業道を参考に、近自然工法の技術を使って登山道ができるはずというのである。ちょうどその時、私は長野県鳥居川の災害復旧工事で、土石流が運んだ現地発生の野石を使い、渓流の生態や景観に合う水制や床固めの開発に取り組んでいた。構造デザインは自然界の骨組みから抽出し、水や河床材料の動きを活かす工法である。四〇〇年前の屋久島古道に案内されたとき、その町長がイメージした登山道を見て、私の中でこれとその渓流砂防で取り組んでいた工法とが一致した。

屋久島登山道の整備方針は、近自然工法の思想と技術をそのまま用いればよかった。

一、外から材料を持ち込まない
二、現地では一五メートル以内から材料を調達する
三、石や樹木に傷をつけない

四、日本の伝統技術を駆使する

しかし、原生林の真っ只中で、これまでの河川のように現場で重機が使えない。そこで石の扱いに熟練した職人の参加が必要となり、城郭や神社などの高石垣を修築していた小松氏に同行を依頼した。屋久島で彼の伝統技術は将に所を得、自らも登山家を自認する経験を活かし、天然の岩盤や巨岩を基点に大小の石を組んで、絶妙の登山道を構築していった。

ところで、この近自然登山道の整備に一貫して気を使ったのは大雨時の水処理である。山腹に石を組むと、その境界線に水が集まって川となり、それが一気に駆け下るとき地面が侵食されることが怖かった。私は人間の歩く踏み段をつくると同時に、路側帯にも流水を溜め流速を遅くするための堰を組むよう指導した。屋久島の近自然登山道工事は、まるで渓流砂防工事の小型版だった。

やがて先の登山道を検討する会から招聘され、私は全国的に登山道の荒廃が問題になっていることを知った。そして、環境省の方針で二〇〇一年九月、近自然登山道のモデル工事を、北海道の大雪山、愛山渓で行うことが決定された。それに先立つ現地踏査は、巨石、大石が積み重なる屋久島と異なり、土の剥き出しになった山道が多かった。そこで改めてそのようすを見ると、登山道は人の踏み荒らしによる裸地化に始まり、そこに雨の表流水で侵食された蛇行跡がはっきり刻まれている。水路幅に応じ、右に左に振り子のような振幅を繰り返し、流れ下っている。滝のような場所もある。登山道は将に川である。

これでは、登山道は益々荒廃していく。人が歩く施設だけでなく、もっと抜本的な水対策が必要である。丸太や石で作られた既往の施設を見ると、その構造は蛇行する侵食河道へ直線的に敷設され、多くの場所で却ってそれらが流水の侵食力を高めるはたらきをしている。大雨が降りこの中で満杯になった流水は、やはり右に左に蛇行しながら側岸を侵食している。その側岸近くには丸太や石の壁でさらに低水路ができているため、この中の流速は高められ、剥き出しの側岸は益々侵食される結果となっている。

近自然登山道の整備はまず水の流れに逆らわ

試験施工でできあがった屋久島近自然登山道

ず、水のもつエネルギーを徐々に消耗させ流下させることだと私は思った。例えば登山道の線形は、緩くても蛇行する流水の方向に必ず沿わせ、丸太や石の配置はその線形と直角方向に交差させる。また側岸と施設との間隙は、流水が加速されないようプール状の階段や滝壷を頻繁に作る。増水した激流が激しく側岸に当る所には、その流れを刎ねる石組み装置を構えるなどである。これらは日本の伝統的な河川工法の教えである。

現地でのモデル工事は、その考えに沿い立地条件の異なる候補地で実施した。しかし、一箇所は候補地ではない場所を選んだ。そこは、かつて巨石が崩れ落ちた崖のような場所で、登山者の通路となりまた雨水の侵食を受け、放置すれば近く再び大きな崩壊に繋がるような状態だった。同行した小松氏と顔を見合わせ、「放っておけませんね」、「やってみますか」、「やりましょう」でやることに決まった。泥水を練りながら熱闘六時間、巨石を安定させ、そこに中小石で歩道を仕組んでいった。翌日には初雪が舞う、寒い日であった。

――どろ亀さん――

一九七一年に『林分施業法』という図書が出版されている。今日的な概念の『持続可能な森林経営』が、出版以前の約三〇年にわたり実践され、その考え方と実際の技術が解説されている。その改訂版が二〇〇一年、初版本と同額の定価で発行された。著者、どろ亀さんご自身が、その普及を願ってのことである。その理念のところを抜粋してみる。

「超長期にわたる地球環境管理の視点に立つならば、手つかずのままに森林を放置しておくのは好ましくない。森林が極相に達すると、炭酸ガスを固定する量と分解する量がほぼ等しくなり、森林の炭酸ガス固定機能がなくなるからである」

「地球環境にとって好ましい森林の管理とは、森林の現存量をできるだけ大きく保ちながら、年間の成長量を高レベルで持続させることである」

「森林は炭酸ガスを固定する循環資源であることに着目すると、最も適切な森林の取り扱い方法は、森林が系として最大の成長量を実現できうるようにし、系を壊さずに維持し、固定された炭酸ガスを木材として取り出し続けることである」

「森林の持続的経営とは、以上の視点に加え、生物の多様性の維持が確保されたものと考えている」

これを世に出され、二〇〇二年一月三〇日、森林研究の世界的権威、『どろ亀さん』こと東京大学名誉教授で、元東京大学農学部北海道演習林長の高橋延清先生は亡くなられた。この折りに改めて、先生の書き残された書物や、制作された映画の記録ビデオなどを拝見した。やはりこれまでのご業績や後進へのご示唆には、現場で培われた哲学と実際の技術論が盛り込まれており、いまさらながら胸が熱くなる思いがする。

大分県の大山町で、人工林を自然に返していく事業に携わり、その記念シンポジウムが行われた際、C・W・ニコルさん、どろ亀さんとともに私も壇上にいた。その座談会に先立って、どろ亀さんは森づくりについて記念講演をされ、一役を終えられて大好きな日本酒をお召しになっていた。座談会の途中でも、チビリチビリやっておられた。やがて会場から質問を受ける時間になり、どろ亀さんの記念講演の内容に対する質問が出た。

「高橋先生のおっしゃる〝明るい森〟とは、具体的にはどういう状態のことでしょう」

ご返事がない。私の横でどろ亀さん、眠っておられる。

「先生、ご質問ですよ。〝明るい森〟とはどういう森ですかって」

「うん、〝明るい森〟ね、〝暗くない森〟ということさ」

私の仲介に間髪を入れずのご回答だったが、状態を察した会場は大爆笑と拍手の渦に巻き込まれた。暗い森とは手入れのされてない人工林もそうであろうが、うっそうとした天然林も指しておられたはずである。一九九九年に出版された『樹海』という本の中で、それも紹介されている。

「東京大学の北海道演習林、総面積は約二三〇〇〇ヘクタール。この樹海は人間が少し手を加えていることによって、森が持つ活力、生産力を最高水準に維持している世界最高の天然林だ」

実はどろ亀さん、この林分施業法にたどり着くまで、「頭が変になるほど」森の中を歩きまわったという。

「そしてどろ亀さんは、ようやく気がついたんだ、森が教えてくれていることにね。よく見ると、森林は完全にバランスが取れた状態に向かっていたんだ。人間の時間感覚では止まっているように見えるものが、実はゆっくりと、しかもダイナミックに、針葉樹と広葉樹が混じり合った針広混交林へとね。これを極盛相の森というんだが、自然のなかでここまでなるには三〇〇年も五〇〇年もかかる」

「さぁ、そこで人間が少しばかり手をかして、その移り変わりを速めてやるんだ。そして極盛相直前の状態を保つようにする。こうなったら、森はいつも元気だ。自然災害や病虫害にも強く、生息するあらゆる生き物たちと共生できる豊かな森としてね」

「森林には環境保全の面と、木材を生産するという経済面がある。この二つは対立すると思っている人が多くて、自然保護派のなかには『絶対に木を伐るな』という人がいるけれども、そうじゃあない」

「林分という単位でよく観察して、極盛相へと誘導する施業をすると、常に木材を生産しつつ立派な環境保全林としての役目も担える森になる。こういう森にするための伐り方をすると、伐れば伐るほど良くなっていくんだ」

それをまとめられたのが冒頭に紹介した『林分施業法』で、現場で実際に施業するための理論をシンプルな六原則で示されている。私は森林生態系や森林施業のことは門外漢であり、ここで専門的な分野を引用し解説することはできない。あとは多くの人たちに、これらの図書が紐解かれることを願うばかりである。森林だけでなく、自然に対する見方も示唆されるところが大きい。

実は私事になるが、この一五年ほど近自然工法の理論と実践を学ぶに当り、『河相論』を一九五一年に著された安芸皎一先生の、〝河川技術者としての心構え〟を説かれた書物の一節が、いつも自然や技術に対する自分の立場を教えてくれていた。それは以下のような内容である。

「我々が河川を静的に考えている間は、これを正しく理解することは困難である。河川の真の姿は、河川がいかに生育しつつあるか、という成長の過程を正確に把握することによって初めてこれを認識できる」

人の教えは、亡くなられてからじっと効いてくる。

1993年、大分県大山町の森を駆け足で上るどろ亀さん
前から二人目

――里地環境づくり――

「田圃の水に力がない」

二〇〇二年二月、東京で開かれた農水省関係のある会で、山形県の青年の発した言葉が私の心に響いた。『力がない水』というのは、コンクリートの三面張り水路で田圃に引いた農業用水のことである。

「かつての水路は山水が田圃に入る過程で、水路の粘土やさまざまな植物や動物の中を通り、ミネラル分を供給して健稲を育てていた。しかし、今は水に力がない。従って作物にも力がなくて、農薬をかけなきゃいけない」

伊藤幸蔵さん。最上川の源流部に位置する米沢盆地で、変わった形態の農業を営んでいるという。その米沢盆地は標高二〇〇メートル、周辺の山地は六〇〇から八〇〇メートル、集水域の山岳地帯は二、〇〇〇メートル級の高峰もある。そして、かつて盆地全体が沼地だった田圃には、いまも多くのカブトエビが生息し、農家はこれを護るため薬剤を使わず手作業で除草しているという。最近はタナゴ、ライギョ、コイ、フナ、ザリガニも多く、秋には赤トンボが群れるという。伊藤さんは、この環境保全型農業の組織作りを行った。その規模や行動は半端でない。

組織は有限会社『ファーマーズクラブ赤とんぼ』。行動母体『米沢郷牧場』は一九七八年、廃棄物を地域内で資源化し、環境や食べ物の安全性の向上を目指す自然循環型農業の農事組合法人として創設。現会員農家は二七〇戸、米価が下がり高齢化も進み、機材の更新時期も来るなど、農家を取り巻く環境が一層の厳しさを増す中で、一九九五年、若手が中心に高齢者を支援し、この循環システムを推進しようと、伊藤さんたちがこの『赤とんぼ』を設立した。当初の規模は二〇戸の五〇町歩で出発し、現在は六七戸の二三〇町歩に発展している。

活動の柱は五つだという。

「荒廃地を出さないため、高齢者を中心とした農家の作業を受託します。しかし、全面受託は絶対しません。貸した人はもう農家でなくなるからです」

「グリーン共同購入委員会という内部組織をつくっています。環境に優しい肥料や資材を、農家が使いやすい価格で提供していきます」

「有機米専用機による精米を行います。減農薬を進めても、他の米と混ざると分けて販売できないからです」

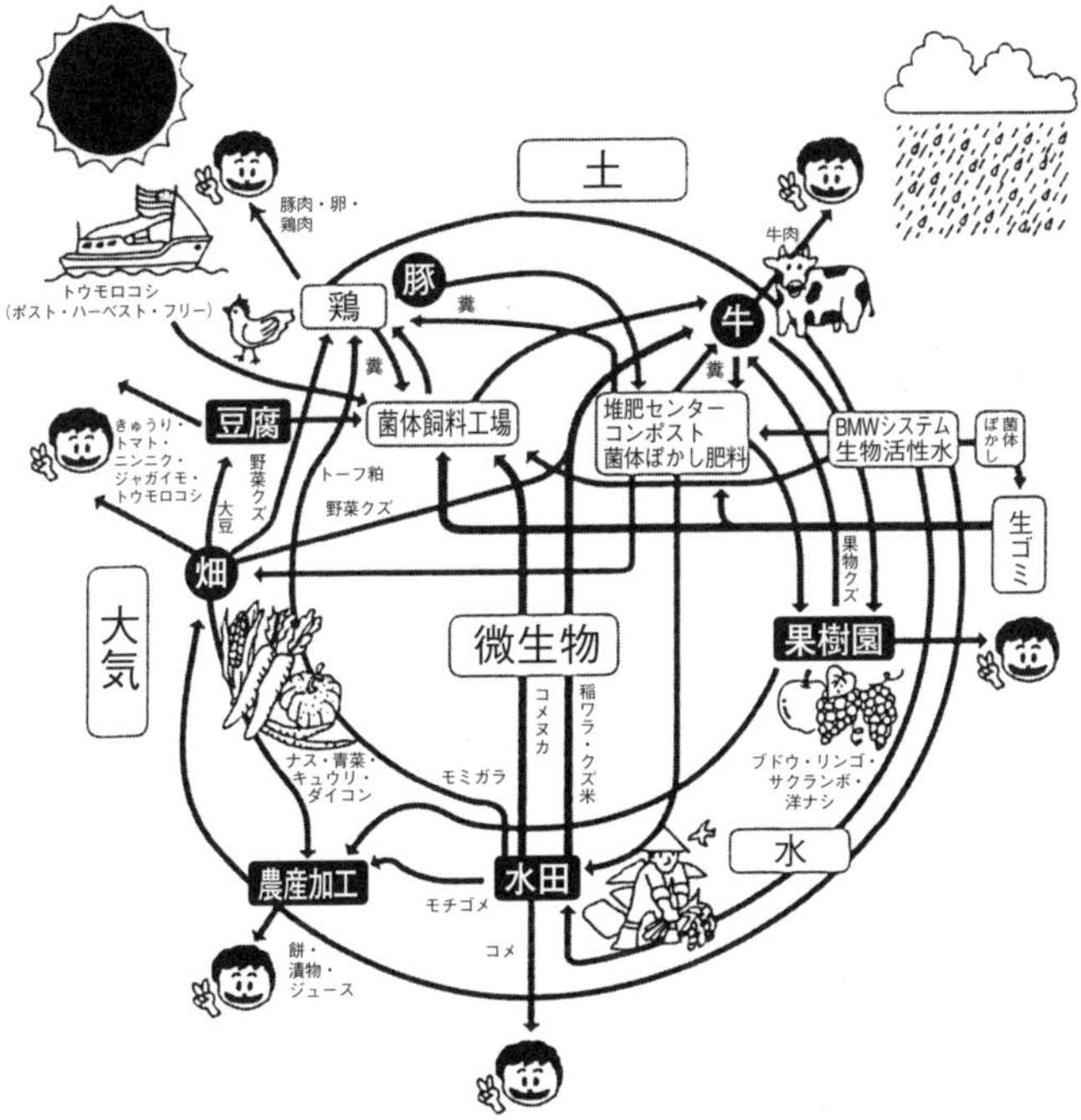

果樹園 ｝米沢郷牧場
水　田 ｝米沢農産
野菜畑 ｝まほろば出荷組合
と　り—まほろばライブファーム
牛　—七ヶ宿中央リムジン牧場
米　—米沢農産

ミニライスセンター ｝ファーマーズクラブ赤とんぼ
精　米
農産加工 ｝米沢郷牧場
菌体飼料工場
ぼかし肥料堆肥—オーガニックファーム
農　法—東北自然学研究所
生産者の店—ファーマーズマーケット「道草」

米沢郷牧場の『資源循環図』

「農家の米の余剰分を、一定基準を設け販売受託します。減農薬に里山の価値を情報として付加し、消費者との信頼関係を築いて直接販売です。これは今までのような大規模農業ではなく、中小規模な単位での地産地消形式です」

「二〇〇〇年にISOの認証を受け、化学肥料をやめ除草剤や農薬を減らすことを目標に掲げました。全農家で土壌を分析し、何時どのような作業をして、収穫率やその結果の食味はどうかなどの情報を全て分析しています。そして新たな農法の研究と開発につなげます。一つの技術に捉われず、今の技術が最高と考えないようにしています」

このISOの認証取得については、まず若手から「地域を守っていく手段として良いのでは」と提案が出され、それに対し中堅どころから「何で農業者がISOか。面倒で金もかかるのに」と疑問がぶつけられ、そして互いに意見を出し合った結果、実行に踏み切った。その過程が大きな収穫だったという。

「農業は地域環境と共にでないとやれない。農家だけでは完結できない。その改善策を地域で話し合い、それを維持するシステムを自分たちが持つのは重要なことじゃないか」

「今までは、減反率とかを農業者自らが決めたことはあまりない。今後は自分たちの方向は地域で話し合い、それを達成するシステムを自ら持つことが重要だ。ということで、ISO1

400１の認証を取得することになったんです」

『赤とんぼ』と六七戸の農家はＩＳＯ１４００１の認証を取得し、自分たちの栽培基準を第三者に認めてもらうことも必要だろうと、三二町歩の田圃でＪＡＳの有機認証を取っている。このことで、『赤とんぼ』は品質を含めた組織的な管理を行うことができるようになった。

「農業用水路はコンクリート三面張りが常識になっていますが、私たちは有機認証を得るに当り、『調整水田』を作っていこうと呼びかけています。それは田圃の一角を区切り、苗を移植させて炭や花崗岩を入れて浄化するわけです。そして水に力も与えようと。どれだけ効果があるか分かりませんが、意識の問題でもあります」

「ダイオキシンの問題は、農村に自分の土地が汚れるという恐れを強く与えました。農家は生産地をころころ替えるわけにいきません。農業は五年や一〇年で完結するものでもありません。また自分の田圃が地球環境とつながっている、という意識も持つべきです」

「田圃の生き物観察会を行いました。参加者は都市生活者が多くて、二回で二三〇人以上も来ていただき、農家の方も一五〇人くらい参加されました。

農家の人の多くは自分の子供の頃の記憶が鮮明で、『まだタガメがいるはず』と探しましたがどこにもいないんです。しかし、いないと思ったザリガニやメダカたちが無茶苦茶いたりする。私たちがそれを価値として感じられるか、ということですね」

「地域で農業をする人が、そこでずっと継続していけるよう、環境面、経済面からもきちんと話し合っていかなければいけないと思います」

私はこの数年、日本の農村振興や生物多様性国家戦略といった視点から、国内の里地や里山とよばれる地域を訪れる機会が多かった。スイス、フランス、スペインなども視察してきたが、それぞれの国で真摯な取り組みがなされている。日本は日本でまたやり方がある。地域ごとに工夫して、まさに地球規模での連携をとらなければならないのだろう。

(今回の取材は、(財)里地ネットワークの竹田純一氏の協力を得た。)

―生空間を設計する―

黒澤明監督の映画作品、『夢』について以前に触れたことがある。そのとき、主人公がゴッホに出会う一節を話題にした。それはゴッホが描いたフランス・アルルの風景、『ラングロワの橋』の油絵から始まる。『跳ね橋、一頭立ての幌馬車、洗濯する女たち、春先の風に靡く土手の草』。これが最初に登場し、その静止した風景画が夢の中で動き出す。春の風に土手の草が靡き、洗濯する女たちが生きいきと動き始める。幌馬車が跳ね橋の上を駆け抜けて行く。主人公が登場し、ゴッホを探し求める。

この黒澤監督の手法は、人間の一種の深層心理を突いている。我々は絵画や写真などを鑑賞する際、いつしかそれらを透視し、作者が見つめた対象の情景や、もっと深い作者の感性の世界に浸っていることがある。自分の記憶や感覚が、作品の中で完全に再生されたとき、五感のすべてが動きだす。似たことは、遺跡の街や構築物に対面したときにも起こる。そこに立つと、当時の人々のどよめきや、馬のひずめの音が聞こえくる。寝て見る夢は、人間のまさにこの心象の世界と同じだろう。

新しい街づくりで、これに共通する手法を教わった。池田武邦さん。日本の超高層ビルの黎明期を築かれた方である。この方が〝自然と共に暮らす未来志向のまちづくり〟をテーマに、〝長崎オランダ村〟とそれに続く〝ハウステンボス〟の事業に取り組まれている。建築のテーマはオランダ史の黄金時代とよばれる一七世紀、その街づくりは『江戸の街の作法』をデザインされたという。その際に、江戸を描いた浮世絵が透視されている。

江戸の街は、市民の暮らしぶりやその表情とともに、広重や北斎らが活写している。江戸の街は、本当にきれいだったのだろう。ハウステンボスの設計プロセスを、池田さんのお話しや著書『大地に建つ』(一九九八、ビオシティ)から少し抜粋して紹介する。

「日本の都市や農村は、そのほとんどが海辺や河川沿いにあり、かつて江戸とか大阪のような大都市は、運河が街の骨格を構成していた」

「当時は船が交通運輸の大事な足。当然、水と市民生活は一体となって密着していた。街の中にある水には、どこにも水神様が住み、市民はそれに対する作法を心得ていた」

「水への作法とは、現代では水の生態系を護り育てることに他ならない。水を汚さず、水辺の小さな生命の営みを、人間のそれと同じように大事にすることだった」

「暮らしの中には伝統文化を大切にする作法があった。金魚売り、鋳掛け、竹竿売り等等、露地の物売りの呼び声も、人びとの耳に心地よく響くよう徹底して訓練された。騒音をまき散らしても平気な現代の街とは異なり、音に対してもきちんとした作法があった」

「もちろん、夜の街にはネオンもなく、降るような星明りを眺め、月の満ち欠け、潮の満ち干は暮らしとも深く関わっていた」

池田さんは、ハウステンボスにそのような街づくりを構想された。しかし、その立地環境は、臨海部であることの外はほとんど相反していた。大村湾奥にあって江戸時代から埋め立てられてきた土地で、一九七〇年代に工場団地の用地としてさらにこれが拡大された。投入されてきた土質は、ほぼ全域に礫や岩塊混じりのヘドロで、水際は大型船を接岸させるコンクリートの岸壁に囲われていた。そのため「敷地の自然環境は木も育たず、

かつての埋立地を開削し、運河を張り巡らせた
ハウステンボスの街並み

魚も寄りつかない荒れたままで放置されていた」という。結局、工場誘致は失敗し、ハウステンボスが要請され、〝エコロジー都市の実験〟をテーマに新しい街づくりを行うことになった。

「当計画のように、全く新しくつくる街の中に、歴史という時間軸をどのように構成するかということは、街のプランを考える上で極めて重要な課題である」

これに対して、オランダの都市計画家の貴重なアドバイスがあったという。

「彼は典型的なオランダの都市形成過程を基に、それを空間的にトレースし、都市形成過程そのものを都市配置の基礎とする手法を示した。日本の街づくりにないことだった」

このようにして、エコロジー都市の実験が始まった。

埋立地の中に運河を開削し、幅三〇メートル、長さ六キロの水域が大村湾に返された。そして、自然の生命を回復させるため、まず水陸の境界線に着目し、既存のコンクリート護岸を周辺で採取した自然石に置き換えている。また地上の舗装は砂を敷いた上に石やレンガを敷き詰め、植栽帯の表土は腐植土に置換し、雨水の地下浸透や土壌微生物の生息環境を保持するようにした。その成果はすぐに現れている。砂漠化していた土地に水辺の生き物が復活し、多様な植物と昆虫類が増え、渡り鳥を含めて沢山の動物が生息するようになった。

生活排水は二〇ＰＰＭまで処理すれば、直接海に流してよい。しかし、大村湾は一ＰＰＭ以下のきれいな入り江である。そこで、生活排水を一滴も海に流さない方法をとっている。一日ほぼ二、〇〇〇トンの生活排水をすべて三次処理まで施し、五ＰＰＭ以下に浄化して中水（上水・下水の中間）として、冷房用水や敷地内の植物に散水するなど再利用している。なお、余剰水は地下浸透させ土壌中でバクテリア処理をして浄化している。まさに完全循環システムである。

「ハウステンボスはオランダの街がモデルですが、計画の理念は江戸の街です。その象徴はホテル・ヨーロッパ。外観はアムステルダムにある同ホテルのままとし、そして運河の街・江戸の船宿をデザインに入れしました。中庭まで舟で入って、チェックインできるようにしてあります」

その運河は水が透明で、小魚が泳ぎ、岸に投げ込まれた岩塊に、牡蠣がたくさん着いている。夜ホテルを出ると、木造桟橋の向こうから潮騒が聞こえ、天空には星や月の光が輝く。街灯は五〇ルクス以下の照明に抑えられている。

「広重の絵は、実際を極めてよく描いています。岸壁や橋の構造。そして水に接する人々の暮らしと、その作法もよく窺えます」

ハウステンボスは、江戸の街の作法に基づく街づくりがなされているという。作法はそれを理解した人にしか分からない。私自身に、新しい挑戦が始まりそうだ。

――街づくりの作法――

これまでわが国では、工業団地や住宅団地など、広大な土地を開発する際、緑地や水辺を残したり、新たに造成することはあった。しかし、なかなか、在来の生態系を保全または再生するという考えには至ってない。そうしたなか、先月号で紹介した新しい街づくり、ハウステンボスの設計思想にはうなづける。水を基調にしたエコロジー志向は勿論、これに対する人びとの意識を『作法』という精神文化にまで高め、〝エコロジーと街づくり〟をうたっている。再度、その設計思想をあげてみよう。

「当計画のように、全く新しくつくる街の中に、歴史という時間軸をどのように構成するかということは、街のプランを考える上で極めて重要な課題である」

そのため、設計者の池田氏は、

「典型的なオランダの都市形成過程を基に、それを空間的にトレースし、都市形成過程そのものを都市配置の基礎とする」

という概念を紹介された。私は文言のまま、解釈する。

「新しい街づくりに、歴史という時間軸を入れる。つまり、都市が形成されてきた歴史の過程を空間的にデザインし、これそのものを都市配置とする。その時間軸または空間の延長には、過去の歴史と共に、未来という時間・空間もある。これを、当代の価値観だけで、物質的に埋め尽くしてはいけない」

この『空間を時間の連続性で読む』という視点は、〝近自然河川工法〟の手法とも共通している。

視覚という神経は、人が意識を働かせると、その対象に焦点が合い、他の不要なものはぼける。誰もが日常、やっている。これを我々は、さらに経験や科学的な知見をもって訓練すると、その景観から種々の現象を抽出できるようになる。一刻も同じ姿をとどめない川の流れを観察して、土木技術者はそこから瀬や淵や河床の動きを想像し、漁師たちはさらに魚の居場所を直感する。さらに河岸のようすから、高水の流れを想定し、渓岸を見て何千年、何万年という川の歴史を読む地質学者も。彼らは空間に、変化や歴史の過程を読んでいる。

近自然工法の本質は、この空間をデザインすることである。土木工学的には、高水時と平常時の、水と土砂の流れが対象である。そして、これを自然に近く、かつ安全に制御することが課題になる。水の流れには自然の法則があり、その幅や水深によりみお筋を変え、河床の土砂を動かし、瀬や淵を形成していく。その躍動する水と、移動する砂礫の多様な空間に、また多様な生き物が生育していく。まさしく変転・流転、生死・因果の連続する、無常の世界である。近自然の設計は、この無限に変化していく有機的な空間を、まず河川景観の中に読み取ることから始まる。そして、破壊された生態系の復元を目指す。

現在、自然界の生き物は、確かに地球規模で最悪の状態を迎えている。二十世紀は人間の発明した科学技術が飛躍的に発展し、人間の欲望はとどまることを知らず、自然を破壊し続けた。我々はこの科学技術を、今度は人間以外の生き物たちにも有効に使わなければならない。しかし、既に科学技術が万能でないことも承知した。我々人間が、自然界を畏れ敬った時代の、自然に対する付き合いかたを、もう一度振り返ってみる必要がある。

池田さんは、徳島県庁の建物も設計されている。新町川という川のほとり、昔は木場のあった河口近くに建つ近代的なビルである。この設計思想も、やはり〝空間デザイン〟が強く意識されていると私には思われる。それは水辺と高層建築を基調に、設計段階では手の届かない、将来の街並みを意識されていると。その空間は未完成で、これを埋めていくのは次代の人々である。それに影響を与える建築、〝街づくりの作法〟とは何かを、訴えられているのではないか。

池田氏の〝新しい街づくり〟という概念は、〝暮らしの作法〟という精神文化を内包している。だから、〝街〟を他の〝村〟や〝里山〟に置き換えても通用する。作法というのは、ルールやマナーまたはエチケットとは異なる、日本人の古い文化的な響きをもっている。人と人との間における作法もあるが、古くルーツをたどれば、水、火、山、川、大木、また熊や鳥や蛇などといった、動物を敬う自然崇拝の作法もある。衣食住にも作法があり、道具の扱いにも作法がある。日本人は花鳥風月を愛で、お茶を喫し花を活けるのにも作法を整えた。

九州は福岡県田川市、ここを流れる彦山川では、県の無形文化財である伝統的な川渡り神幸祭が行われている。数年前の冬、その地区で川中に石を組む作業を仰せつかった。地区の長老や商工会の世話役

彦山川の川渡り神事を行う河岸に配石する役石への入魂式
(写真：荒川彰氏提供)

たちが、霙混じりの寒風に立ち尽くし、工事の進行を見守った。最も重要な役石は、長老たちが藁の束子で磨き、塩で清めて河床に沈めた。

『土佐鶴』という日本酒の宣伝に、『庭に打ち水、酒、肴』。露地への打ち水は、客を迎える準備ができて、門口から玄関に向け後下がりに打ってくる。客のため、清めの水が穢れない心配りである。部屋の雑巾掛けも、奥から後下がりに、が作法である。主人と客人との見識が一致すれば、そこに水を打つようにさわやかな、心の交流がなされる。

骨身を惜しまず人に仕えることを、昔の人は「薪水の労をとる」と言った。朝の洗面、食事、着替え、外出、そして入浴、就寝のときなど、常に左後方に随伴して気を配り介助する。そのときにも、きちんとした作法がある。知らなければ堅苦しいが、心のこもった思いやりである。例えば、入浴の用意をするとき、湯船に手を入れて湯加減をみるのは不調法。桶に湯を汲み、これを測る。また床を延べる際、敷布団を踏まず掛布団を整える、といったこと。こうした人の行動も、美しい日本の風景であった。

――古里の山河――

フランスはパリ、シャンゼリーゼの昼下がり。通りに開放したレストランで、私はまさか、ビールが頭の上から降ってくるとは思わなかった。ウエイトレスが、立て込んだ客席をうまく回り切れなかったようだ。グラスは床に砕け、ボーイが「毎度のことよ」という感じでこれに冗談を言う。奥からモップを持った男が現れ、床をさっと拭きあげる。客の私を無視したままである。よほどすれた店だったか、私の英語は通じない。大都会なら、これでも店は成り立っていくのだろう。

数年前、私の田舎で珍しく洒落たビアレストランが開店した。頑固親爺が古い暖簾を守り、夜の街に灯をともしてくれるのもいいが、若い人が集まる近代的な店もなければいけない。私はもっぱら赤提灯である。あるとき息子の友達が数人、東京からやって来たのでこの店に赴いた。ところがウエイトレスが、この客人にビールを振り撒いた。すぐさまボーイが出てきて床をモップで拭いたが、こちらには布巾も出さない。私は様子を見て店長を呼んだが、その男は直ちに為すべきことも、謝ることも知らない。

この店では、万事がこんなことだろう。小さな町なら、これでは経営は続かない。味がよくずっと評判の良かった店でも、あるとき調理人が変わりまずい料理が出ると、常連の客は潮が引くようにさっと遠退く。特にこういうことは、田舎ではすぐさま結果が出る。この店は、残念ながら間もなく閉店した。

その一方、町から遠く離れた山間部でも、味が良ければたくさんの客が訪れる。田舎の小さな町に、たった一種類のラーメンしかやらない店があった。店内は一〇人位が座る席しかなく、その日の材料が切れると、日中でも戸を閉めた。私は三〇数年も通った。最近はもっと山奥の鄙びた町に、ドイツ人のレストランが開店している。地元で採れた新鮮な野菜は食べ放題で、料理はいつもうまいし、何よりも客を大事にしていることがはっきり分かる。同じく田舎で蕎麦屋をやっていたが、あまりにも繁盛するので店は後進に譲り、自分はもっと小さな店を構えた男もいる。こだわれば、田舎でもやれる。

いま環境省や農林水産省の推す、『里地里山の保全活動』という事業がある。里地里山を『遥かな山』、『奥山』、『山』、『里山』、『里』の五つに分け、地域の持続発展可能な保全活動を展開している。この『持続発展可能な』という概念は、国連が地球規模の環境問題に掲げる課題で、国際協調により生物の多様性を保護する運動が背景にある。ところが、わが国のかつての薪炭林や棚田といった環境は、現在、これを維持することが困難になってきている。国民のエネルギー需要や、農山村の人口の高齢化や過疎化といった、社会経済構造の変化がその原因の一つである。それに対しこの事業では、従来の公共事業と異なり、地区住民やボランティアが連携し、地域固有の文化や知恵を活かすことを基調にしている。

しかし、地方によっては、これをボランティア的に維持するのは大変である。公共事業を含め別の次元から、もっと明確な目的をもつ地域開発の基盤整備が必要だと思われる。それは、上記の里地里山の分類で言えば、集落の存在する『里』の、生活環境の質的な改善である。

短期間に近代国家を建設したわが国は、驚異的な経済成長を遂げ、近代文明を取り入れた。しかし、多くの国民は満足感を味わえないという。その日本人を、果して『足るを知らない人種』とばかり言えるだろうか。たしかに欲にボケた人間は大勢いる。が、一方で国民の多くは、失った別の豊かさに気付いている。時に凶暴だが、恵みも豊かな自然。心に安らぎを与えてくれる自然。日本人は、伝統的にそういう自然と共に生き、そして衣食住や遊びを通し、独特の文化を創り出してきた。その自然や文化に対する回帰本能はあるはずだ。

いま、多くの日本人は病んでいる。それは、現代の物質文明から受ける影響とは別に、自らのアイデンティティを失った結果でもあろう。スイスの自然保護運動家は、「古里の景観は自己そのものである。これなくして、人々の心に郷土や国家という概念はありえない」と指摘していた。日本人の自然保護思想の底流にも、「先祖の霊が生き続ける山や川を神と敬い、故人の生まれ変わりである植物や動物と共生する」という、独自の精神文化が息づいている。これを開発反対の思想と捉えるのでなく、むしろ逆にこうした人の心を満たす地域の再編成が必要ではないのか。古里の山河は傷ついている。

本書で、スイスの過疎地域ステルネンベルグやフランス・リュベロン地方での地域開発のあり方を紹介した。その基本方針は、『人間と自然とが、生態学的に、また経済学的に、持続発展可能な関係を追求する』ものである。土地固有の自然と、伝統的な農業が作り出した景観を保護し、中心地の経済基盤ばかりの開発でなく、住民の生活の場や働く場、または宿泊施設の質が向上するように援助する。そして、集落と周りの自然地域に至る遊歩道網、ウォーキングトレイルを整備している。

リュベロンではそうした行政に対し、権威ある公共機関を設けている。そして住民に対しても、実際に伝統的な集落景観を護るため、素人にもできる正当な石積技術を教えたり、古い建物を利用して店舗や住宅を改造するとき、集落の景観にマッチした外観と洒落た内装をコーディネートするデザイナーが相談に乗っている。

私の好きな絵に、東山魁夷の『道』という作品がある。一本の坂道が、頂上でちょっと右に曲がっている。その先は、想像の世界。麓に下りると、落ち着いた佇まいの集落があり、粋な店の一軒もある。作法を心得た人びとは、そこで平和に健康に暮らす。洗練された文化が息づき、訪れる人たちも癒される。里地里山の保全も、そこに住む人たちが元気でなければならない。公共事業の究極の目的は、福祉である。

2003年春に完成予定の大阪府・紀泉ふれあい自然塾
環境省の補助事業

――公共土木事業――

いまは昔、地方の片田舎でも公共の土木事業が始まると、別にダムや飛行場という大型事業でなくても、小さな町や田舎は活気付いた。

地元雇用もあるが、外から大勢の工事関係者が入ってくる。大型機械が登場し、資材の二次製品化が進むまでは、山を切りコンクリートを練っても大勢の労務者を必要とした。そのため、ちょっとした工事でも一現場に一〇人から二〇人、あるいは三〇人から五〇人ぐらいの飯場が建った。これが数工区にわたれば、優に一〇〇人を超す。そうなれば飯場を営むだけでも、地元にかなりの経済効果があった。

国や地方の経済というマクロ領域でなく、『町の景気』が良くなるのである。ちょっとした町や村には、魚屋、肉屋、八百屋といった生鮮食料品店があり、米、味噌、醤油、また肌着や地下足袋、ノートや鉛筆、さらにトタンや釘も扱う万屋があり、工事現場はこういう店から道具や日用品を調達した。料亭を兼ねた旅館や場末の居酒屋も繁盛し、理髪店にも客が増えた。

工事が始まり、現場に廃車寸前のトラックが搬入されると、やがて車の修理工場や解体屋が忙しくなる。山を削り石を切り始めると、ツルハシやノミがどんどん消耗し、村の鍛冶屋が呼ばれる。鉄骨や鉄筋の組み立てが大型化する頃には、鍛冶屋は鉄工所に発展した。

これがダムや港湾施設という、国土の大規模開発プロジェクトになると、その経済波及効果は全国レベルとなる。しかし、建設労務者の労働実態は、そういう表の華やかさと裏腹に、稼ぎは身体が元手、重労働で危険も伴った。飯場には、いろんな地方からの出稼ぎ者が集まった。

『土方飯場に二度来る奴は、親の無い子か凶状持ち』

酒を飲めば、こんな歌をうたう男たちもいた。五右衛門風呂は、表面に浮いた垢を掬い取って入った。眠るときは雑魚寝で、空いている汗臭い布団に潜り込んだ。しかし、田舎の朝は心地よく、大釜で焚いた白い米飯は美味かった。

ともかく、我々は戦後の復興から高度経済成長を経て、世界の工業先進国に追い付き追い越し、豊かな物質文明を得た。しかし、その一方で、地球規模に進んでいた生態系の危機が、国際的な環境問題としてクローズアップされていた。わが国でも、自然の山野や河川から野生の生き物が姿を消し、美しい山紫水明の風景が一変した。そして、国の経済は慢性的な不況時代に突入し、ここにまた新しい時代の公共事業が待望されている。

いま人間の物質文明は、確実に質的な変換を求められている。地球規模で地域単位に『人間―環境（生物圏）システム』の基盤を再構築し、『持続発展可能な開発』のあり方を探ること。これは、人類の新しい課題である。わが国ではこれまで、国と地方の経済構造を、大企業系列の拠点開発方式で全国レベルに構築してきた。そしていま、そのマクロ経済の系列と並行し、これと異次元の生態学的および文化的な、または伝統的な地域経済を再編することが課題となっている。

スイスの過疎地、チューリッヒ山岳地方では、一九七〇年代から既にこうした地域開発の方向を模索していた。南フランス、リュベロン地方では、大規模リゾート開発の影響を回避し、独自の自然と文化を基礎に地域を再編して、国連『ＭＡＢ（人間と生物圏）計画』の先進事例となっている。海外ばかりではない。国内でも、町村単位では見ることができる。これらの地方に共通することは、周りの経済発展を果した地域から見ると、その地理的条件が不利であるにも拘らず、またそれであるからこそ、地域の自然や文化にこだわり個性を護ったことである。これらの地域については、かつて本誌でも紹介した。

また同じく、それらの地域に共通することは、この土地の風景が多くの人びとに心の安らぎを与えることである。自然界の生き物がさりげない山野で平和に生きている姿を見るとき、人々は物質文明に奢って忘れかけていた自己の人間性を再発見するのではないだろうか。環境保護やそ

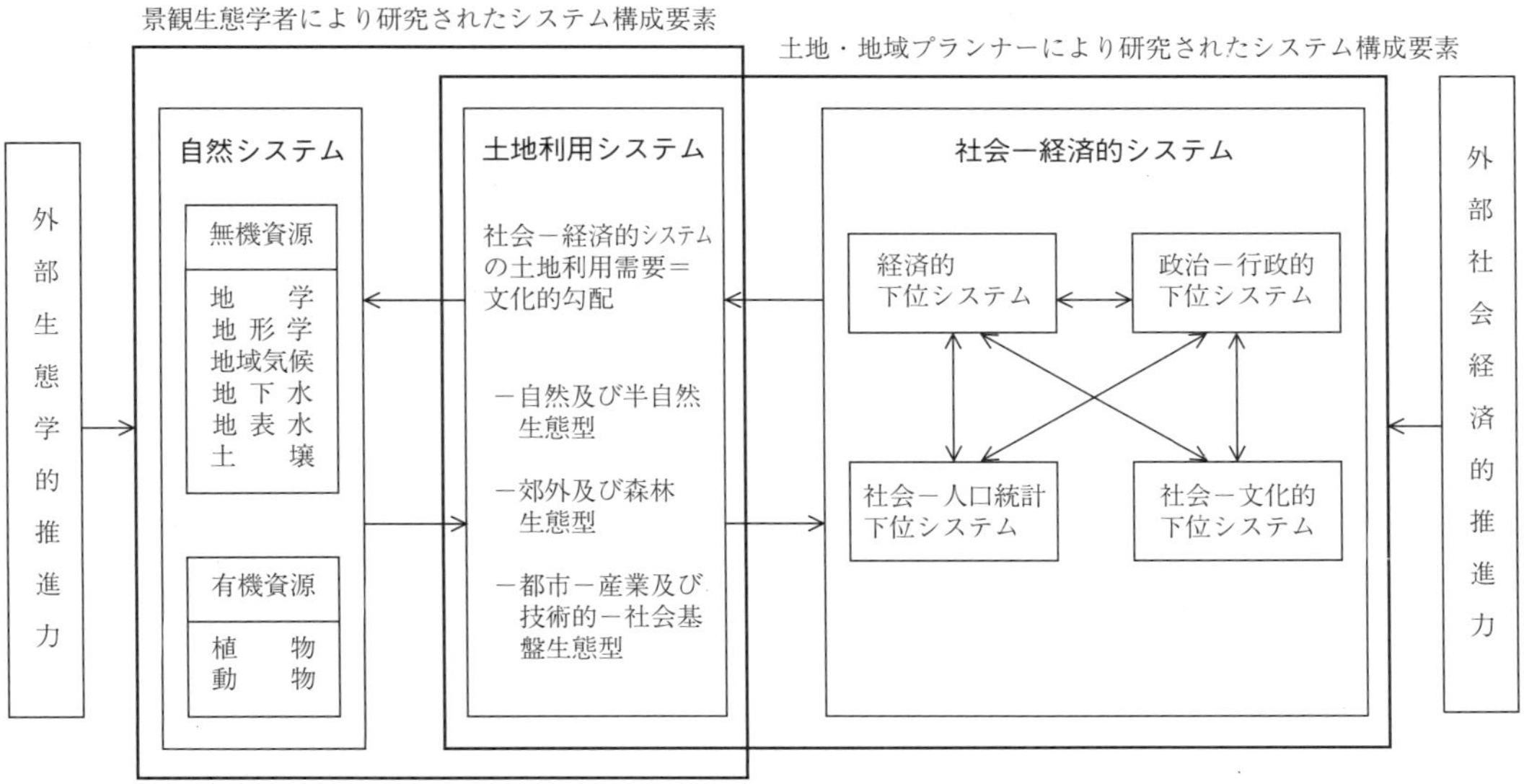

Integrated model of a regional ecolofic-economic (or people-envirnment) system.
(From Schaller and Spandau [1987], modified from Messerli [1978].)

MABの検討委員が作成した「人間－環境システム」のモデル

の教育をテーマとした、〝エコ・ツーリズム〟という国際的な潮流がある。本質論はその付近にあるかも分からない。どの土地にも本来の自然があり、それと調和した生活文化や経済があったはずである。

新しい〝地域開発〟の課題は、従来のマクロな経済開発と並行して、こうした地域のエコロジーや文化を基調にした、『持続発展可能な環境整備』を行うことである。そしてこれを土地利用の上に、はっきりと投影すること。従来の外部経済と結びついて発展する地域産業のためのインフラと、新しく人間と野生生物が共存していくためのインフラとは、明確な区分が必要である。マクロな経済も、その規模の循環型社会を目指す。

静かな佇まいの農山漁村集落、河川や湿地帯のある里山、豊かな水を蓄え多様な生命を育む奥山、それらを巡る生活道や遊歩道、これらは新しい地域インフラの概念である。車道や駐車場また宿泊施設は、一日、数十から数百人の来訪を、分散して受け入れる規模がよい。外に向けた観光地でなく、あくまで住民の生活の質を高めるため、自然や集落を美しく。家屋・店舗の装いをセンス良く。そこで誰もが、健康で美味な食事を楽しめる。昔の地域内消費を賄う商法ではないが、地産地消の地域システムを再構築する。

そして、自分たちのコミュニティを維持する組織をもち、健康福祉、自然保護、環境教育という、自助・公益活動に税金をあてる制度を整える。スイスの条件不利地域では、そうした市民活動を支援する制度ができ、愛知県豊田市では、矢作川上流域の森を護る水源税がある。山岳自然公園は、その利用と維持のため、入山料をという声も高まっている。

澄み渡った夜空に仲秋の名月、太平洋がそれを映して金色の絨毯を敷く。それを足摺岬の先端でドラム缶の風呂の中から眺めた。集落の方から、「テンツク、テンツク、テン、テン、テン」、祭りの準備をする小太鼓の音が聞こえてきた。一九九六年のことだった。

■著者プロフィール

福留　脩文（ふくどめ　しゅうぶん）

技術士（建設部門）／１級土木・１級造園　施工管理技士

1943年（昭和18）高知県生まれ
1967年（昭和42）東海大学工学部土木工学科卒業
1974年（昭和49）（株）西日本科学技術研究所を設立、代表取締役に就任。

以降、人間の暮らしと自然保護を両立させる“新しい地域開発”の手法をヨーロッパ各国の先進地から継続的に学ぶ一方、わが国の自然素材や伝統技法を活用した環境土木技術を開発、普及し、これまで破壊してきた環境の復元を目指し、各地で実践活動に努めている。

高知大学非常勤講師（自然総合・景観デザイン工学・砂防学）（S.50～H.15）
（社）環境情報科学センター評議員（H.9～）、（社）日本水産資源保護協会水産資源保護啓蒙活動推進委員（H.11～）、（財）四万十川財団理事（H.12～）、四万十・流域圏学会副会長（H.13～）、（財）国立公園協会評議員（H.15～17）、（社）日本ビオトープ協会顧問（H.5～）
農林水産省「人と自然が織りなす里地環境」検討委員会委員（H.13～）、
国土交通省四国地方整備局自然環境アドバイザー（H.6～）、同九州地方整備局河川技術委員会特別委員（H.7～）
その他、高知、鹿児島、長野、熊本県などで様々な委員会の委員を兼任。

主な著書　「近自然河川工法」共著（信山社、1990年）／「まちと水辺に豊かな自然を」編著（（財）リバーフロント整備センター、1990）／「河川と小川“Flusse und Bache”」共監（（株）西日本科学技術研究所、1992）／「近自然工法の思想と技術」監修（（株）西日本科学技術研究所、1994）／「水制の理論と計算」監訳（信山社、1995）／「ビオトープの構造」監・編著（朝倉書店、1999）／その他多数。

近自然の歩み ― 共生型社会の思想と技術 ―

発　行　2004年7月30日
著　者　福留脩文
発行者　今井　貴・四戸孝治
発行所　株式会社 信山社サイテック
〒113−0033　東京都文京区本郷6−2−10
電話　03（3818）1084
FAX　03（3818）8530
発　売　株式会社 大学図書
印刷・製本／株式会社エーヴィスシステムズ

ISBN4-7972-2574-2　C3061